我愛這個現實的城市

You want it, you got it.

最令人信服的 28 歲創業家
帶你闖出自己的路

GREEN──著

前言

六月的台北是炙熱、躁動的，我不耐地站在辦公室樓下的全家門口，等著快遞來收東西。他已經遲到五分鐘了，好在超商開門時的「叮咚」聲，伴隨著從店內吹出來的冷氣，讓我躁動的心情可以稍稍降溫。

這時，一位穿著長袖襯衫打著領帶的年輕人騎著摩托車過來，我從他胸前掛的牌子判斷他就是我正在等的快遞。他看上去年紀跟我差不多大，在簽收單子時我順口問了一句：「你穿著長袖襯衫不會很熱嗎？」

他滿臉笑容地回我說：「因爲我是利用中午休息時間出來兼差的啦！我是南部上來念書、工作的小孩，台北的生活費眞的好高喔，我又希望可以早點還清學貸，所以就犧牲午睡的時間出來送送快遞，補貼一下。」

我想起了前幾天出版社寄給我的提案，以及我們見面時聊天的內容，他們希望我以專欄爲延伸，爲這個世代的年輕人發聲。

我很猶豫，尤其是我剛轉換到新的公司、新的產業，我希望盡可能地專心在工作上。另一方面是我已經在「關鍵評論網」與「天下獨立評論」有專欄了，我想說的話都在裡面。而且有許多比我優秀的人都陸陸續續開始寫書，我覺得「幫這個世代發聲」這種聽起來很偉大的事還輪不到我來做。

幾天後，我在半夜整理已經滿出來的書架，剛好瞥到一本我非常喜歡的書，他是由聯強國際總裁杜書伍所撰寫，陪我度過剛進入職場頭幾年很多迷惘、挫折的時光。

而我印象最深刻的一段話是：「知識與經驗的分享，是我們回饋經驗的方式。」

我並沒有什麼過人之處，如果寫一本「指導」大家的書只怕會誤導了社會大眾；但我也不想寫坊間那種全是自我安慰的心靈療癒書籍，過多的安慰而不面對事實，根本完全無法解決問題。

「如果是很多人在這個城市裡的故事呢？」我在心裡這樣想著。

隔天，我請圓神的專案企畫幫我跟編輯安排再一次會議，我想寫一本偏向商業及職場的書。

這本書有很多短篇故事，關於不同世代的人，聚在同一個城市裡，用著不同的角度，探討不同的事情。唯一相同的就是，他們都使盡全力地想讓未來的自己能夠撥雲見日，而且會被當下的自己給喜歡上、崇拜上。

我對這本書的期待有點不切實際，我希望它是亞洲版《流動的饗宴》。

海明威在《流動的饗宴》裡寫他年少時期在巴黎那段生活的歲月，以及圍繞在他身邊的人們。這本書則是年輕人在台北生活的歲月，以及圍繞在他身邊的人們。

這本書的每篇故事，都是我親身經歷過的對話，或許場景及人物有變，但我嘗試著用鍵盤當畫筆，把對話當下的那個場景給畫出來。

我們每個人在生活當中，都經歷過、正在經歷，或是即將經歷各種形色的挫折，在挫折之後鋪天蓋地而來的就是無止盡的迷惘。

人生不是算術，這本書沒辦法給你們標準答案；但感性上來說，希望這本書能夠是你在迷惘時的養分。

Contents

目錄

PART 2

你該怎麼在這座城市定義自己

PART 3

這座城市的未來需要什麼樣的人

PART 4

生活在這座城市的你們會面臨到的掙扎

PART 5

從台北看世界

PART 1

人生就是不停的選擇與當責

「選C好了，已經連續五題都填A了，總該換個選項吧！」

穿著制服，咬著那畫卡專用的2B鉛筆，我們都曾在某個炙熱的夏天，這樣告訴自己。

「我該換工作嗎？現在的工作薪水不錯，但我好像已經失去熱情……」

電腦的頁面在公司明天開會要討論的報表與自己的履歷中不斷切換，我們都曾在某間辦公室裡，用滑鼠代替當年的2B鉛筆，試圖做最正確的選擇。

不同的是，我們好像沒有了選擇的依據。

以前，老師教過、課本看過、公式背過、考古題訂正過。除了每題都有跡可循外，更重要的是，寫錯了幾題好像也不是什麼大不了的事。

時隔多年，我們長大了好多，但選擇的難度也增加更多。

即使演講聽過、爸媽交代過、學長也回來分享過，但好像一切都無從決定起。

更重要的是，現在的決定對比以前，已經不能等閒視之。

因為，你清楚地知道，這個決定是在選擇你未來的樣子。

1 做人生選擇時，該思考的第一件事

電梯門緩緩地打開，我從電梯走出出版社所在的大樓，左轉。我錯過了距離最近的小巨蛋捷運站，等我意會過來時，我已經走進南京復興站。

半小時前，編輯團隊與我討論是否可以多寫幾篇比較技術性的文章，直接與大家分享我的故事。

這是我錯過小巨蛋站的原因之一。一直以來我很少寫關於自己的事，一方面是我習慣、也喜歡用傾聽者的角度來敘事，重現某些具有啓發性對話的場景；另一方面是我認爲所有人的故事都是獨一無二的，我並不喜歡直接的告訴別人該怎麼做，而是希望誘使大家從故事當中去思考某些平常並沒有花力氣去思考的事。

所以從離開會議室，進電梯，出電梯，低著頭走在飄雨的人行道上，我都在思考該如何下筆……

一年半前，穿著西裝上班的日子已經開始倒數，即使我已下定決心，但心中還是充滿不安。

我的朋友一眼就看穿了我的不安，笑笑地對我說：「別怕，你的選擇是對的。」

他大我二十歲左右，剛退休不久，穿著輕鬆的帽T跟牛仔褲來赴約。他的上上一份工作是IBM的業務經理，在十五年前那個年代，能夠進IBM這種大外商上班是非常不容易的事。但他在擔任業務經理五年後，從IBM離職，投入一家當時非常小型，做筆電鍵盤與液晶電視零組件的公司。後來的故事大家或許都曾經聽過。雖然新公司跟IBM的薪水、福利都有一段差距，但在那個筆電還有液晶電視並不流行的當時，他跟一群人努力地尋找、創造新趨勢，之後公司越來越賺錢，營業額成長到每年超過百億，而當時那一群人統統因爲股票上市的資本利得拿了一些天文數字的錢，最後他在筆電與液晶電視零組件毛利開始逐漸降低時選擇退休。

大家應該都同意人生是由無數的選擇堆積出來的，但是在面臨每一個選擇的關鍵時刻，我們做選擇的依據又該是什麼？

我們兩人的情況很像，都在大公司待了幾年，有比平均還高的薪水，繼續做下去，只要不出大差錯，基本上是生活無虞。

但這是最可怕的事。

因爲當我這樣做，就沒有權利選擇自己的人生。

試想，即使年收入平均一百萬，那麼在接下來的三十年大概還可以賺進三千萬左右的收入，聽起來還不錯，但這三千萬的代價是得把幾乎所有的時間花在公司裡，下班後只想躺在沙發，有假期也不敢請。你所想的那些美好的人生畫面，包含出國旅遊、陪伴年邁的父母、看兒女的第一場籃球賽或才藝表演，統統不會出現。

這個社會就是這樣運轉的，當你做的是比較成熟的產業，不高的利潤條件，加上大公司的組織制度，能拿到的報酬就是「有生活，但沒有人生」。

所以我選擇加入一個未來或許會有發展性的產業，試著用我在大公司學到的技能去賭一把。

或許你的疑問是，新創公司的存活率也很低啊！更何況是像我朋友一樣，公司能夠做到上市，成功例子微乎其微。

他告訴我，再低也比在IBM爬上去當執行長的機率還高。台灣的上市櫃市場有超過一千五百家，假設每間公司有五個初始團隊成員能夠分到一開始的股權，那總共就是有七千五百個像他一樣的人。

不要說執行長，你的公司裡有七千五百個經理缺嗎？

在做人生選擇的時候，第二件要注意的事就是「懷疑現況、大膽假設、仔細求證」。

例如，大家都說新創公司成功機率很低，但越是這種大家都知道的事我們就應該越懷疑。當有這個疑問時，我們應該問自己或講出這句話的那個人：「很低是多低？」

接著把另一個選擇，也就是在大公司爬到你滿意的位置的機率大概推估一下，再拿來比較，這才能當成選擇的依據。高跟低，好或壞這種形容詞是需要經過比較，才能夠形成當成判斷依據的「絕對值」，而不是感覺很低，就避開那個選項。

慢著，那做人生選擇時該搞懂的第一件事呢？

當大家都説成功率很低時，
你該問：很低是多低？
高跟低，是依事實比較出來的，
而不是感覺出來的。

2 做人生選擇時，第一件重要的事

相信大家一定都經歷過類似的情況：逛街的時候拿了兩件衣服，一件是商務型的黑色西裝上衣，而另一件是很具流行感的軍綠色夾克，但因爲預算只能購買一件，所以在店家裡一直猶豫不決。

這個時候你會怎麼做選擇呢？

每個人的出發點都會不一樣，有些人會先買便宜的那件，有些人可能會考慮到平常上班都得穿著正式，所以優先購買西裝，有些人可能會因爲週日要跟一個新認識的女生約會，所以先買較具流行感的夾克。

縱使我們的出發點不同，但我們背後考慮的事情其實是一樣的，那就是做這個選擇的「機會成本」，換句話說，做哪個選擇可能會對未來的自己有幫助。

回到最一開始的例子，假設我們能夠預見未來，知道買了那套西裝後，會因爲潛在客戶跟我們穿了同牌子的西裝而打開話題，最後順利取得一筆不小的訂單，那就沒什麼好猶豫的了吧？

所以在做任何有關於人生的選擇時，第一個要先弄懂的是，未來的人生「大概」會發生什麼事。

之所以會說「大概」，是因爲每個人的人生一定不會一樣，但基本上有一〇％的人生軌跡會差不多。

我在大一下那年玩票性質的嘗試創業，一開始純粹是因爲好玩，但是當我越來越投入，缺課越來越多的時候，我在大二面臨了重要的抉擇。

我那時候念的學校是私立大學，一學期學費大概要六萬元左右，也就是說一年的學費大概要十二萬，加生活費一年的花費大概落在二十萬左右。如果把大三大四都念完，那還需要約四十萬元的花費，或者說是投資。

那畢業之後會發生什麼事呢？

我念的是資管系，屏除掉我個人的喜好（我真的不適合一直坐在電腦前），畢業後如果馬上就業的話，一個月的薪水大約是三萬到三萬五千元。

而當時的我經過一段業務開發經驗的洗禮，我有自信能夠勝任一般的業務工作，而許多的業務工作做得好不好，基本上跟學歷無關，畢竟沒有一個科系叫做業務系，拿著高中學歷頂多是在面試的時候稍微吃一點點虧。

業務的薪水雖然一開始不高，但是加計業績獎金後超過三萬元並不困難。

所以我們如果以三年當成一個區間，那第一個情況會是：前兩年念書，收入是零，花費是四十萬元；第三年進入職場工作，假設起薪是三萬五千元，那整年的薪資是四十二萬元。也就是說，這三年的總獲利相加之下是二萬元。

第二個情況是：直接就業，第一年沒什麼經驗，薪水每月三萬，整年收入是三十六萬元；之後兩年因爲第一年打下的基礎，薪水平均每個月三萬五，所以收入是八十四萬元。也就是說，這三年的總獲利是一百萬元。

讓我們把事情變得簡單一點，把所有外人的雜音、自己的喜好都拿掉，純粹就數字討論，三年獲利二萬跟一百萬，你會怎麼選？

當然，你可以反駁說你要顧及家人的感受、當業務的成功機率很低、你不喜歡跟人接觸、你念的是超好的大學畢業起薪會比較高……之類的理由。

大家一定在學校都有做過科學實驗，在實驗的時候往往都有實驗組跟所謂的對照組，而實驗組跟對照組通常只會有一個變因不一樣。例如說實驗組是想測試看看老鼠一個星期都不吃肉的身體變化，對照組就一定是老鼠在一個星期正常進食的身體變化，下一次的實驗會變成老鼠一個星期都只吃肉的身體變化，去對照一個星期都正常進食的身體變化。

這是因爲所謂的好與不好，是經過比較之後才有意義，東西要比較，變因要越單一越好。

而我們的選擇是希望人生往比較好的方向發展，而不是比較差的，所以變因也要越單一越好。

或許會有人繼續問：「可是每個人的好與不好定義都不一樣，我怎麼知道哪樣的人生是我眞心的覺得好，而且眞心喜歡的？」

這個問題是造成我們在每個人生選擇的關鍵階段感到疑惑的最大原因，因爲我們根本分不清楚哪樣子的人生是我眞心覺得好？

是從早上七點到晚上八點都埋頭工作，拿到一份不錯的薪水？還是彈性的上班，薪水不高卻能保有自己的時間？又或是到海外的城市去見識更多的東西？

這時候讓我們再回到一開始的觀念，做人生選擇的第一件事是，弄懂未來的人生「大概」會發生什麼事。

而要弄懂未來的人生「大概」會發生什麼事，需要聽許多人的故事，吸收許多人的人生經驗，也需要自己親身經歷過很多歷程，包含第一次面試、第一次見到爸媽躺在病床上、第一次女友被比自己有社會經驗的人追走、第一次提案成功……等過程，我們才會有弄懂的能力。

簡單說，就像打麻將或打牌一樣，麻將或牌打久了大概就會有個「牌理」，我們就可以知道對方爲什麼打這手牌，進而預測他下一手會打什麼牌，雖然不一定準確，但比瞎猜有依據多了。

那麼，當我們還沒有經歷過那麼多，而具有弄懂未來的人生「大概」會發生什麼事的能力以前，該怎麼做人生的抉擇呢？

前陣子我的公司參加一個展覽，在中午休息的時候我好奇地到附近的攤位晃晃，在某個攤位前，有位深邃大眼的女生拿問卷請我塡寫，等塡寫完問卷之後，她請我進入攤位體驗一下她們公司的產品。

在體驗的過程中，我們也開始閒聊起來，我感覺她很年輕，就隨口問說：

「妳應該是實習生吧？」

她微微地露出虎牙，笑咪咪地回答我：「對啊，我現在是政大商學院的大三學生。因爲我還不太確定自己畢業後想做什麼，所以想說先來實習看看。」

我一直覺得實習是很棒的事，實習可以讓在學學生們有眞正的產業工作經驗，更重要的是可以認識一些在社會上打滾比較久的同事或是直屬上司，你可以從他們的經驗中學習到，工作的頭兩三年，你大概會過著什麼樣的生活。

通常我們面臨到的第一個抉擇就是，畢業後該做哪份工作？或是繼續念研究所？

我先快速說出我的結論——能夠越快進入就業市場越好，因爲剛畢業的我們還不太有能力判斷該不該念研究所，或是該念什麼科系（除非能夠申請上該領域排名全球前二十的研究所，不然我都建議先工作再念）。

而在選擇工作上，我跟大家持的看法不一樣，我的看法是先忘記那些跟熱情有關的事，以及忘記那些我們認爲自己擅長的事，去選擇一份盡可能讓我們能夠賺到最多錢，同時聽到最多人生故事的工作。

爲什麼要選擇可以同時聽到最多人生故事的工作？因爲那會讓你具備弄懂未來的人生「大概」會發生什麼事的能力。

而賺到最多錢的工作？這好像跟我們以往聽到的都不一樣耶！

我知道你的心裡正在這樣吶喊著。

首先，在台灣的教育制度下，學生眞的能夠從學校中發現自己生命的熱情之所在？我對這件事情是持否定態度的，而除了像是會計、法律、醫療這種極爲專業的科系，學校眞的能夠讓你發現自己在哪方面特別有才能？我也不這麼認爲。

你可能會說：「但是我有社團跟實習啊，我在社團的時候做了很多事，在實習的時候也學到好多東西。」

我同意，但是我們似乎忽略了兩件事：第一，當學生的時候，往往有家裡的經濟奧援；第二，社團或實習的時候，我們是帶著「學生」的標籤在做事，通常大家會對你多所禮讓，也不會對你犯的錯太計較，因爲我們知道你還是「學生」。

但出了社會的正式工作後就不一樣了，有些人會離鄉背井工作，要開始負擔自己所有的生活費，而主管們也不再當你是來實習的「學生」，他們會當你是替公司完成任務的員工。

我身邊大部分的人，在出社會的三年內都會換工作，即使是最優秀頂尖的那群人也一樣，而原因通常是透過工作找到了人生眞正的熱情，或是發現自己其實比較擅長做另外一份工作。

假設我們二十八歲的時候要換工作，那我們面臨的情況通常會有下面兩種：

第一種，通常我們在二十八歲的時候爸媽已經接近六十歲了，差不多也從職場退休，這代表著爸媽已經沒有收入了。剛出社會的時候，家裡可能或多或少還能伸出經濟的援手，但等爸媽退休後，我們就算不拿錢回家回饋父母，至少要做到能夠完全獨立。

更何況，爸媽在六十歲左右身體一定會開始走下坡，預料之外的醫療費可能會瞬間吃掉爸媽準備好的退休金。

第二種，通常二十八歲的時候我們也穩定了，不再是每個週末都要去夜店狂歡的年紀，那時的我們在週末可能只想到安靜的 lounge bar 跟朋友喝兩杯聊聊，然後趕最後一班捷運回家休息，或是根本累到直接租 DVD 回家在沙發上看到睡著。

穩定也就代表著可能準備進入人生的下個階段，即使每個人的時間點不一樣，但一般來說，在二十八歲的時候我們會開始收到同學的喜帖，然後想著：「那我呢？」

以上兩種情況不論只發生一種，或是同時發生，都會牽扯到一個很重大的因素，那就是當時的存款有多少。

以我自己爲例，我在大公司待了四年多後，發現自己實在不喜歡大公司層層的組織架構，而且經過四年多的歷練，我相信科技的力量在未來會改變些什麼，我想要去參與其中。

所以我想加入科技新創公司，在編制小但行動快速的體制下工作。

乍聽之下這一切好像是順理成章，但我的情況是第一種跟第二種同時發生，我的父母在近幾年身體都有些狀況，我妹已經結婚生子，而我準備跟我超棒的女友結婚。

這時候如果戶頭沒有留著一些錢，那是不是很慘？

所以我建議第一份工作一定要把薪資當作非常優先考量的原因在於，你即使在第一份工作更認識了自己，能夠知道自己想要或是適合做什麼，但當時的你可能不一定有選擇的「餘地」了。

所以第一份工作能不能夠讓自己存到錢，非常重要，你戶頭的數字越多，你能夠做選擇的空間就越大。

另一方面，當第一份工作的薪水越高，萬一第二份工作的薪水即使被打折，通常也還能夠應付自己的日常生活開銷。

工作的前三年，就是好好累積自己的視野與存款，讓自己在下一個人生轉折有「能力」也有「餘地」。

找第一份工作時，

找個能讓自己存到錢的工作。

因為當你28歲、要做下一個人生決定時，

你只會問自己：存款有多少。

3 為什麼第一份工作要選擇保險業

一直以來，我最常被問到的一個問題就是：「爲什麼第一份工作選擇保險業？」

我們會下一個決定，通常不是單一的原因，當初我會選擇保險業當作我的第一份工作，其實也有幾個主要的原因。

第一，保險業是創業的試金石。

我非常建議，如果之後有計畫要自己創業，那可以先嘗試一下保險業，或至少接觸一下跟業務有關的工作。因爲對於一間公司來說，最主要的命脈就是靠賣出產品（或是獲取使用者，從使用者身上收費）而產生出的收入。

不管一間公司的商業模式爲何，總是有一個部門是要負責營收，保險業或是許多業務類型的工作，都能夠訓練我們面對面銷售的能力。

另外，保險業在初期是沒有底薪的，這對很多人來說往往是令人卻步的原因，但對我來說卻是創業前的磨練。

在上一份工作時，我不用付員工勞健保、辦公室水電與租金、也沒有研發跟行銷成本。如果我這個月的業績掛蛋，那我的收入就是零；但在自己經營公司時，所有的成本都在自己身上，如果公司的業績掛蛋，那收入會變成負的。也就是說，每個日子，即使是假日，經營者都在燒成本，保險業可以讓我以低風險先練習這種感覺。

舉例來說，我們得先取得一般小客車的駕照，之後再慢慢考大貨車的駕照，再來才是大客車。如果我連風險相對較低的保險業或是業務都做不好，那就像俗話說的「不會走還想要跑」一樣，代表某方面來說，我還沒做好創業前的準備。

第二，業務類型的工作可以接觸到大量的人，尤其是比自己年紀大的人，跳脫出目前的交友圈，讓自己知道未來的人生「大概」會發生什麼事。

就像我前面說的，知道自己的人生未來「大概」會發生什麼事，那麼我們比較容易在關鍵時刻做出選擇。而業務工作可以接觸到的人，相較之下比一般的工作廣很多，可以聽到非常多獨特的人生故事，而這些故事都能成爲未來我們在做人生選擇時的依據。

此外，如果以後想要自己創業，一定要有一個認知，那就是以後談合作或是做生意的對象有八〇%都會比自己年長、比自己有社會經驗。許多年輕人不太知道該怎麼比自己大上一輪或是兩輪的長輩對話、相處，業務工作會逼得我們去習得這項技能。

第三，業務工作相較其他工作收入通常較高，而保險業又是業務工作裡平均收入相對較高的族群。

從實際層面來說，存款在許多時候代表的是我們有多少選擇的餘地。

還有另一點要提醒想要在未來創業的讀者們，那就是在創業的初期募資或是貸款都非常困難，而如果第一筆資金是來自投資人或是銀行貸款，那就會有許多大大小小的壓力（人情、利息、投資人想要快速看見回報……等）。

這些壓力可能會讓我們做出短期內有收入，但長期對公司並不是好決定的可能。如果第一筆資金有部分是自己的錢，會讓自己在公司的草創期自由許多。

這點跟職涯規畫有點像，存款跟現金流會代表我們有多少選擇的餘地。

最後一點，我在保險業找到我的人生導師。

在上一份工作，是業務總監跟我面談的。從言談當中我完全可以感受到他的語氣柔和卻有非常堅定的力量，他的外在條件完全符合社會上「成功人士」的標準，且腦中有著滿滿的人生智慧。

正因爲我從一場對話中就感受到那麼多，我談完的當下就決定跟著他工作。

而在一起共事近五年，我從他身上學到的東西多不勝數，他在管理上是那樣的無私、謙虛；在執行上又是那麼的堅定、有紀律。他教會了我身爲一個領導者該認清的所有事，更教會我身爲一個成熟的人該具備的智慧。

不知道大家有沒有發現，我選擇第一份工作的原因統統都是緊扣著磨練創業者所需具備的能力來做選擇。正因爲我知道自己爲何而選，所以我並不在乎外界對於保險業有些充滿爭議的看法，或是業務工作的失敗機率。

對大多數人而言，一步登天這件事情都是不切實際的。

所以我的方式是先想像自己三年後或是五年後想做什麼，而在想像的時候先不要管自己的能力夠不夠。我總是講一個比較極端的例子，假設五年後我想成爲ＮＡＳＡ的太空人——這聽起來很荒謬，但絕不是不可能。

如果你有這個想法，那你該做的事情是上網搜尋一下成爲ＮＡＳＡ太空人的必要條件。其中一個條件必須要是美國公民、另一個條件是必須要有科學、數學、工程相關的博士學位外，還必須駕駛噴射機超過一千個小時，最後還有一些體能上的要求。

當你列出這些條件之後，再利用五年的時間去補足自己目前不足的能力。體力不好的就開始按部就班訓練，像我一樣學歷不足的趕快去進修，或是想辦法拿噴射機的執照，另外還要規畫如何取得美國公民的資格。

只要有規畫地將能力補齊，即使花超過五年，一定也能夠成爲ＮＡＳＡ的太空人。

這就是「以終爲始」的規畫能力，這個規畫能力甚至可以運用在我們人生中的每件小事情上。

大部分的人之所以卡關，都是在一開始想不出自己要做什麼；其實倒也不是想不出來，而是太容易在一開始就告訴自己不可能。

關於這個不可能，我看過太多超越自我去達成那個不可能的例子，如果眞要舉例，可能會讓這本書變成五百頁。

總之，就像我個人最喜歡的一句話：「每個偉大動人的成功故事，都有個天眞又荒謬的開始」。

我們並不是不知道自己要做什麼，

而是太容易在一開始

就告訴自己不可能。

4 換位置就必須換腦袋，這是個沒有標準答案的社會

當我們還在學校念書的時候，幾乎所有課程都可以藉由「公式」而得到「標準答案」。即使有些考試有申論題，通常也都是在課程的架構下提出自己的看法，最後導到一個題目已經設定好的結論。但出社會後，完全不是這麼一回事，這可能是很多新鮮人在剛出社會時感到很不適應的地方。

前陣子有位學弟問了我一件事，他是半導體產業的業務，因爲最近要結第一季的業績了，他只差業績目標一點點就可以拿到額外的一筆獎金，所以他打電話一一詢問之前接觸過但還沒決定要跟他拿貨的潛在客戶，看有沒有

機會可以在季底前簽約。

結果當他打去一間中型的廠商時，對方採購很神秘地跟他說：「電話中不好說，不然我們今天下班後吃個飯，一起討論看看。」

學弟赴約時，對方提出了一個條件，他希望以低於市價的價格來完成這筆交易，但學弟還是用原本的價格開發票給他。簡單來說，他會把中間那些差價收進自己口袋裡，而這些差價的三成他會分給學弟。

學弟來問我的時候非常煩惱，他很想爭取這筆業績，但又不確定這樣做好不好。

我跟學弟說：「我不確定對方的做法是不是合法的，但就我所知公司裡面通常會有稽核的部門，這種事情只要被發現一次你就完了。或許對方已經打通自己公司內部所有的同事，但我還是覺得風險很大，是我的話，可能會跟他說我們還是照正常價格完成交易，但我可以私底下把我獎金的一部分給他。」

當我們出了社會後，會開始面臨各種千奇百怪的狀況，而習慣用「公式」找「標準答案」的新鮮人，就會因爲沒有「公式」可用，而感到恐懼。

就我學弟的例子來說，業務的工作就是盡量幫公司爭取訂單，所以我會以自己沒有損失的前提之下去爭取訂單；但如果今天我是學弟的主管，我反而會阻止我學弟做這件事。

就經驗來說，這種東凹西凹的客戶通常很難搞，表面上看起來訂單是進來了沒錯，但會不會之後有非常多的問題必須一一花時間去處理，而那些花的時間都是公司的成本。萬一我算了算，這筆訂單可能花的後續成本會高過獲利，我就會阻止學弟。

會這樣想的原因在於，業務員是不需要管團隊成本的，他只需要管個人成本，以及成交訂單；但業務主管除了管理業績之外，還要控制團隊的成本，甚至這個案子會不會麻煩到公司其他部門，造成很多跨部門溝通的麻煩，都要考慮進去。

這樣講或許很多人會難以接受，但想在社會上生存，換個位置就是要換個腦袋，這是必要的技能之一。

因爲每個位置、角色，需要完成的事物或職責都不一樣，考慮的層面也不盡相同，所以我在遇到問題需要解決時，往往想的就是「在這件事情裡我扮演的角色是什麼，而我的職責（或責任）又是什麼？」

麻煩的是，我們每天扮演的角色非常多，除了是公司職員，我們也是家庭的一分子，所以當我們扮演的角色有利益上的衝突時，我往往會問自己：「在所有的角色裡，什麼角色是我最難以被取代的？」

再舉個例子，通常在工作兩三年後，我們都會興起換工作的念頭，但通常在這個時候我們都很猶豫。因爲在同一個位置上坐兩三年，可能工作已經駕輕就熟，甚至準備升遷了。

如果你身上有某種程度的家庭責任（供養退休的父母，或是家裡主要的經濟支柱），那坦白說，以我的思考方式，無論你有多想換工作，你都不該在薪水會降低的前提下換工作。

因爲對其它人來說，你是最難以被取代的。

想換工作有很多的原因，如果是因爲「個人」的問題，例如說是覺得對這份工作膩了，那就要自己想辦法解決；如果是因爲產業前景之類的因素，那就要跟家人（已退休的父母，或是另一半）商量一下，說接下來幾個月可能無法給那麼多家用，請他們先辛苦幾個月。

後者跟前者不同的地方在於，後者還是爲了家人未來的生活著想，所以一樣是以「什麼角色是最難被取代的」來思考。

總之，出了社會後，我們的角色會變換得很快，所以必須保持一定的靈活性。當遇到問題時，記得問問自己「在這件事情裡我扮演的角色是什麼，而我的職責（或是責任）又是什麼？」，以及「在所有的角色裡，什麼角色是我最難以被取代的？」

5 人生導師就是在你迷惘時，提醒你繼續呼吸

我敲了門後，笑嘻嘻地走進總監辦公室，閒聊了一陣子後，拿出我的手機，打開了幾張照片，跟坐在辦公桌對面的總監說：「這是我最近的煩惱，我同時認識了兩個都很不錯的女生，我好像有點無法下決定要跟誰繼續約會，你能夠依照你對我的了解給我一些意見嗎？」

接著，我開始敘述那兩位女生的背景、現在做什麼工作、個性、興趣……等。

這是眞實的故事，我上一份工作的主管是一位很棒的導師，他也是截至目前爲止影響我的人生最多的人。他除了教會我許多工作上的技能之外，更告訴我許多人生智慧，也引導我往正確的價值觀前進。

最近在年輕人中流行起一股概念，找 mentor，也就是尋找「導師」。我覺得這很棒，我人生中有許多超棒的導師，他們對我都有數不清的正面影響。但我覺得，許多年輕人還是有點弄錯了我們尋找人生導師的目的，尋找人生導師除了學會「技能」外，更重要的是學會有關於人生的「智慧」。

在前幾篇文章，我談了在做人生選擇時比較技術性的話題，包含對現狀要時時保持懷疑、大膽假設，在選擇前務必弄清楚人生未來大概會發生什麼事，並且用機會成本的概念去考慮，以及替未來的選擇留餘地，還有不要想著有標準答案，在我們扮演的角色中隨時保持靈活，弄清楚自己的不可替代性。

我談了許多做人生抉擇的技術，接著，我想聊聊比較感性的東西。

我們所有人都有迷惘的時候，我曾經看過一部美國影集，有一幕是小孩子在學校被欺負了，爸爸開車去接他，小孩子哭著跟爸爸說：「我都有點搞不清楚爲什麼我要活在世上了。」

他的爸爸戴著牛仔帽，在一台超大的卡車裡爽朗地跟他的孩子說：「你看看外面的路人，他們也不知道，甚至連我也不知道，但我們還是得呼吸，不是嗎？」

對我而言，人生導師最大的作用就像這位爸爸，鼓勵我繼續呼吸。

尋找人生導師的方向有兩個，一個是你幻想十年後能夠成為他的人。這個「成為他」包含了他的個性、價值觀、工作、家庭生活，甚至是興趣……等。

而另一個方向是，一位願意聽你把話說完，而不是急著給建議的人。

尋找人生的導師並不是尋找「業師」，我們不一定能夠在產業交流或是一些商業的場合尋找人生導師，也不是光看頭銜、學歷或是產業，而是真的必須好好觀察那個人一段時間，確認那個人眞的是你十年後想成為的對象，而他也具備非常好的傾聽能力，這才是尋找人生導師的方向。

所以說，任何人都有可能成為我們人生中的導師，或許我們暫時遇不到十年後想成為的那個人，那可以把範圍縮小一點，先問問自己，我們五年後或三年後，想擁有什麼樣的生活，而自己的周遭有沒有已經在過著那種生活的人？

我們與他的互動也不只是單方面的接受，身為年輕人的我們，可以帶給我們的導師一些新鮮的東西。我永遠記得前主管第一次去酒吧就是我帶他去的，雖然他到最後還是只喝了香蕉奶昔……

坦白說，在這個幾乎所有資訊都能夠在三秒鐘內被 google 給找到的現代，我們需要的已經不是傳統的師傅或是業師，而是一個能夠成為自己榜樣，並且在疑惑時刻傾聽、鼓勵我們的人。

PART 2

你該怎麼在這座城市定義自己

我跟一個名字非常拗口的新朋友一起站在吧台前，我敢打賭，他的名字一定是某種少見的歐洲語言。酒吧裡的人多到我們幾乎聽不到彼此的聲音，我扯開喉嚨問他：「你是做什麼工作的？」

「嚴格來說，我沒有工作。一年之中，我工作半年左右存錢，剩下半年我則是在旅行，如果可以的話，我希望我這輩子都不要工作了。」

我驚訝地問他：「真的假的？」

「沒錯，到底是誰規定人一定要工作的？是爸媽？老師？女友？朋友？還是整個社會？我對於中華文化有一點了解，你們似乎很習慣『聽話』這件事，也很在乎周遭的人對你們的看法。但對我來說，我的父母教我：『沒有人可以告訴你該做什麼，即使是我們也不行，人生是自己的，你要去找尋你自己想做的事，藉由尋找的過程定義屬於你的人生。』」拿著書的你，是身處冒險的途中，尋找自己的人生定義？

還是被社會教條所束縛，
相信命運自會定義你的人生？

6 當自己人生的CEO

我走進再熟悉不過的西班牙菜餐廳時，我的國中同學已經坐在裡面了，他看到我後，舉起手跟我打了聲招呼。這是間擁有道地西班牙料理的餐廳，我來的時候通常是四、五個朋友聚會，然後一起坐在二樓舒適的沙發上享用海鮮燉飯跟紅酒；像今天一樣只有兩個人來並且坐在吧台準備談些正事，還是第一次。

我看了酒單後，點了平常不是很常喝的波本威士忌，並且拍了朋友的肩膀問他：「你還好嗎？」

我跟這位國中同學畢業後就沒有再見過面了，直到半年前的同學會才有機會見面，大約三天前他突然傳了臉書訊息給我，說有些事情想好好跟我聊聊。他帶著迷惘的眼神說：「我覺得自己的人生糟透了。」接下來的半小時左右，我聽他談自己的工作是如何的起伏，生活是如何的不穩定，社會的環境是怎樣的糟糕，然後政府完全無法帶給年輕人希望。

「這樣混下去，不要說當執行長了，連升遷都遙遙無期。」最後他下了這樣的結論。

「你已經是CEO了，但是個糟透的CEO。」我笑著對他說。

其實，每個人都是自己人生的CEO，公司的CEO需要對董事會和股東負責，你這個CEO則是要對自己負責。如果有一間公司的CEO在經營績效不彰的時候，不是試著努力解決問題，而是把責任推給公司業績一直起伏、原料價格不穩定天天都在變動、政府讓整個產業界沒有希望，你絕對不會說這傢伙是個好的CEO吧？而且我相信他很快就會丟了工作。

一間公司最簡單的組成大概會有研發部、行銷部、業務部、財務部跟行政部門，所以你大概也可以把人生拆成這幾個方向。

研發部門負責研發新的產品或技術，讓品牌保持競爭力；所以你的人生研發部應該負責的是，找尋外部資源或增加新技術，讓自己在社會上保持競爭力，例如聽一些課程或是閱讀……之類的。

行銷部門通常要打造品牌形象，讓品牌跟顧客產生某些連結。你的人生行銷部就要負責自己的形象打造，先決定你想要給人家怎麼樣的形象，是要熱情的還是穩重的，然後再由你想要給的形象去決定細節，例如說如果你要有穩重的形象，你的穿著可能就要以深色爲主，講話也不能太輕浮。

業務部門通常負責介紹產品跟談判，幫公司爭取最多的業績，所以你的人生業務部要負責了解自己的優點，把自己銷售出去，在職場上追求更好的收入。

財務部門負責公司的支出跟收入，你人生的財務部門負責的就是自己的財務狀況，財務健全才能穩定公司的營運。

行政部門負責處理一些雜事，讓公司可以穩定運作，你人生的行政部門就是負責一些日常生活的瑣碎事情，千萬不要小看這件事，魔鬼都是藏在細節裡。

你的人生都是由你本人訂定計畫並且執行，之後再對自己負責，是不是跟一間公司的CEO一樣？好的CEO絕對有能力扭轉乾坤，他們可以透過策略的改變跟確實的執行來讓公司更好，例如說讓IBM起死回生的路易．葛斯納，或者是奇異電子的前執行長傑克．威爾許；糟糕的執行長則可以毀掉整個公司，我們都聽過太多這種悲慘的案例了。

如果你真的沒有辦法幫自己訂定一個長遠的策略並且確實執行，你的人生會開始空轉、無法進步、到最後開始絕望，就像台灣許多的代工廠現在都陷入困境一樣。

我跟他分享完自己的心得後，低頭看了看錶，差不多該去赴下一個約了，而我的同學好像還在思考著。於是我再度拍了他的肩膀跟他說：「你記不記得在國中的國文課上，老師曾經說過：『修身，齊家，治國，平天下。』其實我剛剛講的話就差不多是這個道理而已，如果你眞的認爲自己是人生的CEO，從現在開始停止抱怨，跟那些優秀的公司CEO一樣，想辦法找出問題並且解決它；從現在開始練習當自己人生的執行長，假以時日我相信你一定能勝任公司的執行長。記得保持一個最重要的心態，你用什麼樣的格局看自己，你的人生就會有什麼樣的結局。」

保持連絡，我的朋友。希望下次見面你已經蛻變成一位優秀的CEO。

停止抱怨，解決問題。

用 CEO 的格局看自己，

你的人生就會有那樣的格局。

7 在這座城市，只有你能替自己下定義

我走出捷運站，十月的空氣在晚上已經帶著不少涼意，我趕緊穿上剛脫下來的針織外套。街上行人臉上的笑容明顯比起上班日多了許多，而穿著西裝或是套裝的人也少了許多，取而代之的是英倫風、復古風、街頭風……各種不同的穿著，彷彿從身心靈到穿著，都暫時從上班日解脫一般。

我和幾個朋友在週末有個傳統，一起聚在某間我們都很熟悉的酒吧，約幾個想見的人，再隨性邀請幾個新朋友，大家喝兩杯聚一聚。一開始我們這樣做只是好玩，後來發現在輕鬆的氛圍之下，大家可以更認識彼此。除此之外，也有人在這裡認識了另一半，有人找到了新的工作，有人找到新的合作廠商辦了場很棒的活動。

我走到門口的時候發現朋友已經在對我揮手，於是趕緊入座。今天在場有兩位也是從事業務工作的朋友，所以我一開始就坐在他們旁邊，互相交換一些做業務的心得。我跟他們分享了一個有趣的故事。

大約兩年多前的某個早晨，我要飛馬來西亞，前一天因爲聚會快到凌晨一點才回家的我簡直累壞了。我一上飛機就詢問空姐是不是可以給我一杯水跟《經濟日報》，我打算喝杯水，看一下報紙之後立刻入睡。這時候坐我旁邊一位年紀大約四、五十歲的大姊看了我，對我點點頭問我是做哪一行的，我微笑回答她我是做金融業的。她立刻恍然大悟地說：「難怪你會一上飛機就看《經濟日報》。」

接下來在近五個小時的航程中，我們一路從年輕人的政治傾向，聊到黃金石油等原物料的走勢，以及對於美元跟越南幣的看法，我雖然累壞了，但身爲金融業業務的我還是盡可能地滿足她對於各種金融商品的疑問，以及她對於年輕人的種種好奇心。

直到機長開始廣播，飛機將於不久後降落在吉隆坡的機場時，她突然開口跟我說：「我是在馬來西亞跟台灣從事貿易的商人，我的兩個小孩都在馬來西亞的國際學校念書，很開心今天能夠跟你聊天，除了解答我對某些金融商品的疑惑外，我也更清楚的了解年輕人的世界。我最近剛好有一筆定存到期，兩個星期後你打名片上的電話連絡我，我台灣的辦公室在新竹，如果你方便就下來新竹找我一趟。」

兩個星期後，我打了通電話過去，對方非常友善地跟我約好了時間。我們在新竹見面，一起吃了中餐，然後她也對我替她那筆定存所做的規畫表示同意，我們簽了約。

故事講完後，其中一位朋友用有點狐疑的眼光看著我，並且提高音調說：「我覺得那只是運氣好吧，怎麼我做業務就沒有那麼幸運的事發生。」在他說出這句話的時候，我發現整桌都在看著他，氣氛有些尷尬。

這時候邀請他來的朋友開口了：「嘿，你不能總是將所有事情都怪罪在運氣上，如果什麼事情都是運氣，那我們就什麼事都不用做了，不是嗎？」

我爲了化解有點尷尬的氣氛，拿起自己的酒杯向他示意，並且說：「這並不完全是運氣使然，或許你可以說那位大姊坐在我旁邊純粹是運氣沒錯，但中間的過程統統是有跡可循的。事情從我跟空姐要《經濟日報》時就開始了，一般的年輕人會看《經濟日報》的有多少？

「還有，在聊天的一開始就快速取得對方信任也很重要，如果我因爲很累而沒有微笑，或許我們的對話就在金融業這三個字之後結束了。而在我們整個聊天過程中，許多金融常識、對世界的看法，以及與人的互動，都是我每天大量閱讀以及累積無數的實務經驗後，我才能夠有邏輯、清楚地向她表達自己的想法。

「你是在做業務的，我相信你也知道，第一次跟客戶接觸最困難。要在客戶不覺得被冒犯的情況下旁敲側擊地蒐集客戶資訊，又要替自己建立專業的形象，什麼話該問、什麼話不該問、什麼話要講、什麼話不要講，統統是經過無數的失敗跟不斷練習，才能略微領會其中的技巧。

「我個人是不相信運氣這種東西，我相信所有看似好運的成功都是有跡可循的，同理，所有看似倒霉的失敗也是。」

在我們所受的教育裡，很常聽到這一段話：「一命，二運，三風水。」或許因為我們是以農業立國，天氣好的時候便豐收，有天災的時候則可能毀了一整年的努力，所以「看天吃飯」或是「老天自有安排」這種觀念深植人心。但我們就眞的要受到命運的擺布嗎？

在我做業務沒有很久的時候，曾經聽過一位在我心中具有舉足輕重地位的人生導師講過一個故事。有一次跟他一起吃中餐，他突然把他那少了一根手指的手掌遞給我，問我會不會看手相，我搖搖頭說不會。然後他盯著自己的手掌看，並且問我說：「你知道爲什麼我們的生命線、健康線、愛情線、事業線……全部集中在手掌上嗎？爲什麼生命線不在大腿上、健康線不在肚子上呢？」

我又搖搖頭，這次我沒有回話，期盼著他的答案。他放下左手的筷子，緩緩地把右手給握起拳來，然後說：「因爲只要我們把手給握起來，人生中所有的一切，生命、健康、事業、愛情……等，就全部掌握在自己手上了，這就是造物主創造人類的時候想要告訴我們的話。」

我已經忘記當時我們吃哪間餐廳、吃什麼菜了。但是他握起右手的那個場景，會永遠烙印在我腦子裡。那是股非常強大的力量，之後只要當我累了、想抱怨了，我就會握起右手，重複他跟我說過的話，再把自己丟回去那個場景感受那股力量。

不論身處在人生的哪個階段，記得不斷思考這個問題，你怎麼定義自己到目前爲止的人生？你希望怎麼定義自己未來的人生？

你現在在哪、是誰，已經不重要；重要的是未來的你在哪，是誰？

而未來的你，無關命、無關運，關於選擇，關於堅持。

看似好運的成功都是有跡可循的，

同理，

看似倒楣的失敗也是。

8 去市府旁的沙灘冒險

「怎麼能在最能冒險的年紀，選擇了安逸？」

這是我們整個晚上談論的話題，也是我最後一句和她講的話。聽完這句話後，她像是獲得了前所未有的救贖般，全身放軟向後呈現大字形的躺下，我則繼續屈膝坐在沙灘上，抬頭望著久違的日出，陽光穿梭在高聳的大樓間，恣意地想要照亮每一寸所及之處。

關於冒險這件事，你是如何定義的？

有人說就是跳出舒適圈、有人說是去做平常的自己不會做的事、有人說是不要照著這個社會的規則走。

都對，但我想要談論的是，「冒險」不該是你逼迫自己、勉強自己才能做到的事。

冒險應該是像我們每天早上起床，即使腦袋仍然混沌，但還是會拖著腳步走進浴室，拿起牙刷，擠上牙膏後再反射性地把牙齒給清潔乾淨一樣自然。換言之，我想談論的是，該怎麼把「冒險」變成自己的DNA。

大約七、八年前，一個還不到大二的學生，跟爸爸借了件不合身的藍色襯衫，還套了一件在西門町買的咖啡色粗糙材質的西裝外套，騎著車到基隆路跟敦化南路交叉口的汽車展示間外，試著要向汽車業務員推銷自己的商品，客製化賀年卡。

他停好了車，坐在機車上反覆在腦中演練已經背到熟透了的台詞，過了二十分鐘後，他看似下了決心，往展示間的門走去。但他還是怕了，畢竟展示間裡擺滿了他夢寐以求的德國進口車，以及來來去去西裝筆挺的銷售員。

在踏進門前他突然往左拐，走進旁邊的小花園坐下，想要做更多的準備。

他試圖幫自己加油，點起了一根菸，腦袋裡又反覆演練一樣的台詞。

在騎車返回學校的路上，他不斷地在心裡咒罵自己：「你怎麼那麼孬，連走進去的勇氣都沒有？你這樣還算男人嗎？你這樣還想做什麼大事？」

第二天，他進步了些，停好了車，直接往展示間的門口走去。但當他走近門口，正準備再一次拐進花園時，裡面的銷售員走出來了。他不疾不徐地問：「先生，請問您看車嗎？還是找人？要不要先進來坐一下？」

他走了進去，硬著頭皮問了那位打著深藍領帶，微笑時露出完美酒窩的先生一個問題：「你們在過年的時候會寄給客戶賀年卡嗎？」

這就是我開始冒險的起點，一個有點窩囊的開始。

燈光很暗，但我可以透過特殊的雷射光線看見她笑了，但我搞不清楚她是因爲我的故事而笑，還是只是純粹喝多了。我們中間還隔了一個趴在沙發上睡著的人，從桌上散落的 shot 杯我可以大概猜得出來他睡著的原因。

我幾乎用吼的對她說：「嘿！這裡太吵了，如果你還想跟我繼續聊，我們找間安靜一點的酒吧。」

就像她說的一樣，我們身旁多的是從小就很聽話，書念得不錯，後來被爸媽送出國的人。或者有另一個極端，從小就不聽話，書念得不好，高職或五專畢業後就上班，或是念了那些連名字都不太會被記得的大學。

但不管我們是誰，我們該誠實地問自己一個問題，自己對目前的人生感到滿足嗎？

你眞的覺得自己會因爲學歷不好而在工作的選擇上就比較少？你眞的覺得自己該聽爸媽的話去念一個你不想念的科系？你眞的要因爲社會上的眼光而放棄自己的熱情所在？你眞的要跟眼前這個你好像不是這麼喜歡的人繼續交往？

如果覺得自己還有一些可能，哪怕是只有一點點的機率，我都要去冒險。

但我們不太可能天生就有冒險的勇氣，所以這個勇氣得從日常生活開始培養。

都選擇一樣的交通工具或路線回家嗎？試著從搭捷運改成搭公車吧！總是選擇同一間店買咖啡嗎？試試稍遠的那間如何？

工作總是趕在截止日的當天才完成嗎？突破自己一下，試看看在前一天下班前完成吧！總是做到公司要求的業績就不再拜訪客戶嗎？那下個月就多拜訪兩家客戶吧！

每次跑步都只跑六公里嗎？試試這禮拜多跑五百公尺，下禮拜再多五百公尺吧！

我們必須從日常生活下手，讓自己慢慢去接觸新的事物，也讓自己習慣接受不穩定的環境。因爲現在這整個社會脈動越來越趨向不穩定，上一個十年引領風騷的企業在這個十年有很多都不存在，看看摩托羅拉、Nokia、Sony……等。再延伸一點，很多看似穩定的工作逐漸被取代掉，甚至連曾經被視爲金飯碗的銀行業，都因爲線上交易還面臨整併和裁撤分行的命運。

如果我們還習慣穩定，那我們在接下來的時代會過得比較辛苦，因爲未來註定是個不穩定的環境，科技和網路的發展隨時會淘汰掉某些產業。有想過在Line或是whatsapp等通訊軟體出現後，那些原本在簡訊服務商上班的人去哪了嗎？爲什麼計程車司機要抗議Uber呢？

不過往另一方面想，科技和網路也會隨時讓某些產業興起，或是讓許多傳統產業產生新的附加價值。如果我們是適應力比較好的那群人，我們是比較敢冒險的那群人，就比較能掌握住興起的機會。

也就是說，冒險已不再是件很酷的事，已不再是需要勇氣才可以做的事。

我們必須從生活中開始練習去做一些我們不是那麼習慣的事、沒做過的事，因爲在不遠的未來，冒險是個在社會上生存的必備技能。

她歪著頭，盯著桌上的玻璃空杯，逕自沉思著。

時間已經四點多，整間酒吧還是有七成滿，男男女女散落在酒吧的各個角落，我一直認爲台北是座很有希望的城市。如果你看過深夜的台北，你會知道這座城市有多少能量，台北不是一座在晚上十點就會死去的城市，而是在午夜後還保有充沛的能量。

她手裡拎著黑色高跟鞋在半夜的忠孝東路上走著，興奮地對我說：「我早就想試一次赤腳走在台北街頭的感覺，我從高中之後就出國念書，大學畢業後才回來工作。以前我在國外的時候總是享受光著腳踩在公園草皮上的那一刻，我覺得這是我認識一座城市的方式。而今天，我覺得對台北的陌生又少了一些，雖然回台北已經一年半，但此刻終於有了眞正活在台北的感覺。」

「嘿！妳知道台北有座沙灘嗎？就在市政府旁邊，妳要不要去看看？」

她尖叫，而音量大到我有點擔心是否會吵醒正在熟睡的人們。

「不可能！我每天都在信義區上班，我從來不知道在那裡有座沙灘！」

「我就說了，生命中會讓我們感到驚奇的事都要靠冒險才得以一探究竟！」

對了，你們去過市政府旁邊的沙灘嗎？

如果覺得自己還有一些可能，

那怕只是一點點的機率，

都要去冒險。

9 不甘心，是種態度

我們都有過類似的經驗，某部電影，第一次看完時看得並不是很懂，也說不上好看，但就是覺得跟這部片有種奇怪的連結。所以我們打開Google的頁面輸入了費茲傑羅，才赫然發現他寫過《大亨小傳》跟《班傑明的奇幻旅程》，接著我們找了個飄雨夜晚，把自己喝得有點茫後在城市的街頭漫步，試著揣摩電影裡男主角所經歷的一切，也試著尋找那台突然駛來的精緻古董車。

對，我是在說《午夜巴黎》。

電影裡的男主角是位好萊塢的電影編劇，但他眞正想做的事情並不是當編劇，而是寫小說。他抱怨美國太現實，抱怨生活的壓力，他嚮往的是浪漫與充滿文藝氣息的巴黎，他希望自己能活在海明威、費茲傑羅、畢卡索的那個年代，因爲那是屬於藝術家的黃金年代。

在所有的事情上，我們總是懷念過去的時代。

我爸對我訴說著林易增盜壘的狠勁、陳義信拉弓的霸氣；我則對那些喜歡詹姆斯（Leborn James）的屁孩炫耀，我可是在湖人主場用我的眼球證實過巔峰時期那個萬夫莫敵的布萊恩（Kobe Bryant）。把事情放大一點來看，在經歷了這幾年政治的混亂之後，我們開始懷念起孫運璿與李國鼎，那是台灣最美好的時代，只要肯努力就有機會。

我們在貴古賤今的情緒上沉淪了下去，就像《午夜巴黎》的男主角，受不了現實的壓力與無奈，用過去的美好來替自己尋找情緒上的出口。

前陣子，我做了一個實驗，打開求職網站，快速塡完履歷。相信我，我履歷寫得比你們大多數人都爛，因爲這是我這輩子第一次做這件事，然後依據我出社會後所培養出來的業務跟管理經驗，我開始選擇一些本土企業投履歷，我投的職位全是業務經理以上。

我想知道這個社會是不是眞的那麼糟，年輕人是不是眞的都沒有機會，本土公司是不是眞的都不敢嘗試把管理職給一個不到三十歲的人。

我投了大約十間公司，收到三通電話邀請我去面試。我最後只去了一間成立已經超過三十年的中小企業面談，我並沒有穿西裝去，只穿著 Uniqlo 的襯衫跟牛仔褲赴約，而且刻意捲起袖子，露出我右手內側的刺青。

跟我面談的是那間公司的副總經理，一開始她問了我一些在團隊領導跟業務端的經驗，接著她問我爲什麼會想投像她們一樣已經超過三十年的中小企業，我則是直接反問：「我比較好奇的是，妳們怎麼會找我來面試？」

她先是愣了一下，我猜她或許很少在面試的過程中被問到這個問題，接著她說：「第一，因爲我很好奇你這個人，我好奇是怎麼樣的一個年輕人，敢挑戰業務經理這個職位。事實上，雖然你在業務端有點資歷，但你並沒有從事跟眼鏡有關的零售業。所以我認為你很有嘗試跟挑戰的特質，這樣的特質讓我想要跟你見上一面！

「第二，其實我們也想要轉型，我們想做電商、想做粉絲團經營、想要把原本雜誌跟電視的廣告預算挪一些到網路上；但是我們不懂技術，我們更不懂接下來的主力消費族群，也就是你這個世代的人在想什麼。我的年紀差不多可以當你媽媽了，對我來說，創個臉書帳號就可以讓我花上半天時間，我下班後跟坐捷運的娛樂仍然停留在看實體書籍或是看電視，我無法理解 iPhone 那個螢幕裡的世界。

「我們怕被時代的洪流淘汰，沒辦法在下一波的經濟世代占得先機，我們需要像你一樣年紀的年輕人加入我們來改變整個公司的體質。但同時我們也在害怕，尤其是在我們這個世代裡都口耳相傳你們承受不住壓力，沒那麼負責任，我們怕找錯人而毀了公司累積了數十年的經營成果。」

「但我認識的年輕人絕大多數並不是你口中的那樣，我很多朋友努力充實自己，在我的臉書上常常有加班到深夜離開辦公室後的打卡照片，而照片下的字句頂多也是挖苦一下自己，更多的是替自己加油，我們並不喪氣，也沒你們認爲的那麼脆弱。

「容許我大膽地反問副總一個問題，假設你覺得我是你們想要找的人，我的薪水開價一個月是六位數起跳，你們能夠接受嗎？」我替這個世代辯駁，並且對上個世代提出挑戰。

副總笑了笑，回答我說：「這是個很好玩的現象，坦白說，我對於你這個世代的印象大多來自於所謂的『聽說』，或是媒體新聞的報導。而我猜你們對我們這個世代的形象大概也是來自於朋友間喝咖啡時談論的那些『討厭的長輩、主管』，或是媒體新聞替我們塑造出來的形象。

「如果我們眞的能夠放下那些成見，彼此好好地敞開心胸搭起世代間的橋樑，或許事情會不一樣。而你的第二個問題我是肯定的，我只在乎能不能找到我要的人，事實上，如果你眞的是我說的那類年輕人，但面談的公司只開給你少少的薪水，那間公司我建議你也不要去了，因爲他們看不出你的價值。

「我知道你們這個世代比較辛苦，但有哪個世代的年輕人不辛苦呢？我知道你們都懷念我們這個世代台灣的快速成長，但相同的，我們也懷念更之前的年代。

「我需要的不是沉浸在過去的人，而是能夠面對當下的問題，去創造未來的人。」

說眞的，大家都懷念過去的美好，但就像面試我的那位副總說的一樣，上一代的她們又何嘗不會懷念更早以前的美好呢？每個人的心中都有一個屬於自己的黃金年代，但我們眞的不要太沉浸在貴古賤今的情緒中，因爲那對現實毫無幫助。

在《午夜巴黎》的結尾，一位資深的小說評論家在看完男主角的作品後

、

給他一句評語：

我喜歡你的小說，但你太失敗主義了。記得，你要做的是找到這個年代空虛的解藥！

這是《午夜巴黎》裡我最喜歡的一幕，也跟我想表達的想法不謀而合。我們對於不確定的未來感到疑惑，所以總是懷念確定的過去。但對於身處在現在的我們，最重要的是做個不甘心的人。

不甘心，是年輕時候最好的心態，也是成長的最大動力。

而許多人就這麼駐足在現在，背對未來，面向過去。

但是，這個世界正以史無前例的速度向前推進，許多令人意想不到的科技不斷被人類創造。發明蒸氣汽車的人絕對想不到用汽油來發動汽車，而發明汽車的人又怎麼想得到只能拿來看電視的插座，如今已經可以供給足夠的電力讓汽車行駛？

別再駐足也別再懷念過去，更別再害怕未知的未來了，因爲這個世界並不會因爲任何人的猶豫而停下向前的腳步。

現在開始轉過身，帶著過去那些經驗已經淬煉出來的智慧，面對充滿挑戰及未知的未來。

不甘心，

是年輕時候最好的心態，

也是成長的最大動力。

10 出社會後最大的挑戰：不顧此失彼

朋友問需不需要送我到停車的地方，我跟她說沒關係，我想自己走一走。從威秀走到世貿停車場的途中，天空開始慢慢飄雨，我邊走邊拿起手機，Line裡面又是許多的未讀，家人的群組有未讀、公司的群組也有未讀、還有一些朋友也傳訊息過來。

剛剛看的那部電影是《超級選秀日》，描述一支美式足球球隊總經理在選秀會前的一天。球隊董事長希望球隊賺錢大過於希望球隊拿冠軍，所以董事長希望選進最能帶來票房收入的超級新人，即使那位新人並不太適合球隊現在的隊形。球隊的總教練剛從別隊轉過來，他因爲之前有帶領另一支球隊拿過總冠軍的經驗，所以希望總經理可以選一些比較會防守的新人進來。

當然，球隊的球員也有自己希望的隊形，球隊中的四分衛剛從傷兵名單歸隊，希望總經理可以選一些助攻型的球員。除了公事之外，總經理的女友剛懷孕，爸爸剛過世，他也有家裡的問題要處理。

我覺得這部電影特別的地方在於，它完整地呈現了一個管理者一天工作的眞實樣貌。包含如何去說服老闆跟下屬，與敵隊的總經理在交換球員時的談判過程，還有如何處理自己的私事……等。

前陣子我受朋友邀約，去桃園某間大學接受學生的採訪，學生問我：「從學校到踏入職場，最難適應的是什麼事？」我講了這個電影的故事，然後跟那些學生們說：「出社會後，所有人認爲你該完成的事情會有所不同，最難的事就是學著如何不顧此失彼。」以前當學生的時候，大部分的人對我們的期待是好好念書、不要學壞，頂多是男女朋友會希望我們陪伴他，如果有參加社團的話，那就加上把社團的活動給辦好這一項。

可是出了社會之後就完全不一樣了，工作上我們會有小老闆跟大老闆，他們兩位的期待常常是不一樣的，甚至可能天差地遠。通常小老闆會比較聚焦在短期目標，而大老闆會比較關心稍微長期一點的計畫；假設我們是銀行的業務主管，小老闆一定會盯著你這一季跟下一季的業績，而大老闆則是會時常找你聊明年度公司整體的規畫。

兩個老闆都不能得罪，但我們一天就是那麼多，該怎麼分配時間？該怎麼同時讓兩位主管滿意？

爸媽可能會期待我們早點組織家庭，好讓他們含飴弄孫，或者是爸媽的身體狀況開始走下坡，我們可能需要比較頻繁地陪爸媽去醫院。爲了讓自己的生活豐富，可能也會去參加外面的讀書會，那我們又多了一項任務。

工作了幾年升上主管後，又多了團隊成員對主管的期待，女朋友此時可能也開始期待步入下一個階段。你會很不適應這一切，覺得自己好累好累，每個人的要求都不一樣，卻又都希望你能做到，你覺得自己越來越不像自己，感覺整個人快要四分五裂。

我們不可能跟女朋友說：「因爲我工作很忙，我們分手吧，我想好好工作！」因爲這是很不負責任的一句話。我們也不可能跟老闆說：「我家裡最近事情很多，我心情好亂，想要請個長假休息一下！」老闆鐵定臉上三條線，年底不但給你最低的考績，順便在評語欄內寫上：「誰家不發生事情？」

那我們到底要如何能夠完成所有人的期待，然後還保有自我呢？說得更白話一點，就是該如何同時把工作、家庭、生活……兼顧這麼多的事還能令所有人滿意呢？

在技術上，我實在無法給急欲解決這個問題的你們任何建議。每個人面臨到的狀況不一樣，每個人在每個階段該完成的事情也不一樣，所以每個人所需要的時間管理技巧也會不一樣。但是在心態上，我可以和大家分享的是，我們所想像的那些所有人的期望以及該完成的事，沒有一樣是可以遺落的。

如果我們抱持著，我該犧牲某某事，以把節省下來的時間花在某某事上面，把某某事給做得更好，那我們一定會失敗。要知道，人生中所有的事情看似不相關，但其實都會交織在一起。我們跟女友相處的狀況會影響到我們工作的情緒，工作的狀況會影響到我們回家的情緒，而我們的情緒則會影響我們對事情的看法是正面還是負面，看法是正面或是負面則會牽動到我們整個人生。

正因爲所有事件都會互相影響，所以我們一定要嘗試把每件事情都做到好，只要有一個環節出錯，就可能會因爲上述的牽動效應，而去影響到本來正在順利進行的其它事情。就像飛機起飛前，機師必須繞著飛機走上好幾圈，看看飛機的外觀有無任何異常，連像頭髮一樣細微的痕跡都不可以錯過。要知道，任何微小的出錯最終都可能導致大災難。

電影的結局是，總經理最終滿足老闆、家人、球員、隊職員、總教練……所有人的期待，用他組成的球隊去贏得一場場勝利。從今天開始，我們或許要改變自己的心態，面對複雜難解的問題時不要先考慮取捨，而是跟電影裡的男主角一樣，處理好所有的事，盡全力不顧此失彼。

但就像我最常講的，如果你一開始就告訴自己這件事情不可能或很難，那一開始就註定失敗了；而如果從頭到尾都用一種「我可以」的心態來面對，那麼兼顧好所有的事情對我們來說，就只是時間的問題而已。

如果從頭到尾都用「我可以」的心態來面對，
兼顧好所有的事情，
就只是時間的問題而已。

PART 3

這座城市的未來需要什麼樣的人

我的父親剛從台灣的上市傳產公司退休，他憑藉著工程相關專長，從高雄北上打拚，參與了台灣、美國、中國的各項工程專案，也見證了這幾個地方最快速的成長時期。

對於上一代的人來說，有一項專長已經足以衣食無虞，甚至有機會遊歷世界。我的一位好友，他當年是我們整個高中最優秀的學生之一，我對於他在餐館裡因微醺而漲紅的笑臉還印象深刻，那是我們為了慶祝他進入當時台灣股票價值最高的公司所舉行的慶功宴。

四年後的一個尋常早晨，他收到公司因為經營不善而發出的裁員通知。

在這個因為科技快速發展導致企業生命週期縮短的現在，已經很難用單一的能力度過漫長的職涯，甚至寫程式、會計、銷售……等「硬技能」對於職涯的影響力有逐漸淡化的趨勢。

那在接下來，

什麼樣的能力或思維可能會左右我們的職涯？

11

這座城市，未來需要什麼樣的你

很難得的，八月底的台北連續陰雨了一整個星期，不信邪的我天天和氣象預報對賭，自作聰明地遺忘我的雨傘。

我快跑出忠孝敦化站，經過仁愛圓環時腳上那雙新的樂福鞋已經濕了大半。停紅燈時，我抬頭看了看四周，好熟悉的場景，我上次這樣跑在台北街頭是什麼時候呢？

是台北富邦馬拉松，我起了個大早，用兩個小時多的時間完成我人生的第一次半馬，是兩年前？還是三年前？

忘了，反正也不重要，重要的是我持續在進步，現在半馬對我來說只是熱身而已。

拐進仁愛圓環旁的小巷子，一道灰色的牆面聳立在前，牆面上簡單的刻著餐廳的名字。這是一間低調卻蘊藏著多元文化的餐廳，廚師團隊來自歐洲、美國、澳洲，他們將台灣的食材結合國外的料理方法變出全新料理。

等了一陣子後，我的朋友來了，他是我在前公司的客戶，是位非常有智慧的長輩。很年輕的時候就自己創業，後來到中國發展，最近他的孩子申請上了舊金山的大學，所以他先從上海飛到美國，確認一切都沒問題，再回台灣停留個十天，見見老朋友，接著再回中國。

我先關心他的兒子在美國一切都好嗎？也突然想起大約三年前，他的兒子在暑假的時候想跟同學去海邊衝浪，但對於台灣的長輩來說，還是想要避免自己的小孩在鬼月的時候從事一些危險性高的活動，他曾經為此打給我，詢問我該怎麼跟兒子婉轉地溝通這件事。

我提起這件事的時候他笑了，笑容中帶點欣慰。

三年前，我跟他說，不要阻止你兒子，就邏輯來說，在平常衝浪跟在鬼月衝浪的危險性應該是差不多的，只是在鬼月發生的意外我們總是會特別注意。衝浪是件很棒的事，只要讓他知道這項活動的危險性就好。我不是不願意幫你，只是我在他那個年紀一定也想要去冒險或是做一些聽起來很酷的事。你知道嗎？當小孩開始逐漸長大的時候，父母的工作並不是替他下決定，而是支持他親自去探索一切。

後來他的兒子眞的迷上衝浪，而他會以柏克萊大學爲目標的原因之一，就是加州有非常多適合衝浪的海灘。

他放下水杯後告訴我，後來想了想，我說的是對的。在公司裡，他總是鼓勵員工用邏輯思考，萬一有個員工跟他說想把鬼月的專案給往後挪兩個月，只因爲覺得鬼月很不吉利，他一定會跟員工說，你有相關的數字可以佐證嗎？不要僅僅用感覺來下決定。

上個月他在復旦大學EMBA的同學聚會上，討論了關於學霸的問題。學霸就是那種超認眞念書的學生，大家各自分享了學霸在面試上的表現，以及錄取後對於工作適應的程度。

令人驚訝的是，大家都有一個共同的感覺，學霸太過於專注他們自己所學的領域，所以在思考上比較沒那麼靈活，有時候甚至還會排斥做跟自己主修無關的工作。他們嘴上不一定會說，但可以清楚感覺到他們做起來就不是那麼的帶勁。

我大概懂他說的，根據我的觀察，現在的產業由於科技快速進展，洗牌的速度很快。十年前很紅的產業，現在很多都已經夕陽化了。爲了避免被淘汰，公司必須不斷地創新，而爲了創新，勢必得解散一些舊的部門，成立新的部門。

不論是創新，或是在新部門成立的初期，公司都會需要跨界的人。這種人可以不必專注於一個領域，但他要同時知曉很多領域。至少在商業上，現在越來越多的公司傾向雇用ＢＤ（Business Development，業務發展），而不是單純的業務或是行銷的員工。

這原因有很多，其中之一是公司在創新初期是不會投入太多資源的，所以一個人的功能越多越好，因爲公司還是會把大部分的人力用在目前賺錢的業務上。但公司也清楚地知道創新才是永續生存最重要的事，所以會格外重視這些初期被派去打仗的跨界人才。

以比較具體的例子來說，就像是美國海豹特戰隊一樣，他們可以在路上、海底、叢林、高山、雪地、沙漠……等任何地形作戰。他們不太會開著轟炸機用炸彈把敵方整個城市都炸掉，但他們會跳傘到敵方城市後方，用最精簡的人力滲透進去城市裡，透過精密的武器跟訓練有素的能力開槍擊斃敵方的領導人。

未來的社會，產業洗牌的速度勢必越來越快，我們可能每五年、甚至是每兩年就需要創新，或者是說，創新這件事隨時會發生。而整個創新的流程就是發想、做出原型、測試、修改、進入市場、確認商業模式，然後規模化。

除非進入規模化的階段，不然企業不會投入大量人力，而在規模化之前，企業又會額外的需要有跨界能力的人。所以我認爲未來整個社會最受歡迎的員工會是，不論我指派他做業務、行銷、公關、行政、分析，他都可以做出水準之上的人。

我的朋友問，這個概念就好像很多大學念法律的人，碩士會選擇財金？或是大學主修機械，碩士選擇商學院？

差不多是如他所言，但我覺得應該再更廣一點。未來的世界幾乎無法預測，我們需要的是可以將各種生活經驗融合，進行多面向思考，並且產出成果的人。他可能要有社會學家的觀察力去發現問題，然後用企畫的能力去發想專案，接著用行銷的知識去找對的市場，最後運用溝通及談判的能力賣出商品。

銀行的信用卡一向給人家冷冰冰且利率超高的吸血鬼形象，而大家對於信用卡的比較也通常流於各種利率和手續費的高低。

但在市面上卻有幾張卡主打的不是數字上的比較，例如像是台新銀行的玫瑰卡，從廣告到卡的視覺設計都在強調女性財務及生活上的自主，我不確定這張卡的發卡量如何，但至少在我心中留下深刻印象。

這就是銀行家觀察到近來女性意識抬頭，而從社會學家的角度切入，打破傳統信用卡生態的最好例子。

聽起來好像很難，但難，只是我們還不習慣這麼做。

身在台北，沒有太多天然資源，國際化的速度也早追不上亞洲鄰近各國，我們唯一有的就是靈活的身段。

想想達文西、富蘭克林、甚至是我們都熟悉的林志穎，這座城市，接下來需要的是具有跨領域能力，並且可以靈活運用的你。

未來世界無法預測，
需要的是可以融合各種生活經驗，
進行多面向思考，
並且產出成果的人。

12 把所有專注都放在「我」

天上的豔陽依然高掛在天空，三十七度的高溫加上南京東路因爲捷運施工而揚起的灰塵令我皺了眉頭，我快速地過馬路往南京東路捷運站的方向接朋友。經過兄弟飯店旁邊時，有一位大約一百八十公分高，有著完美倒三角形身材的健身教練在發傳單。我揮揮手拒絕了他，往我的目標繼續前進。

突然間，我停下腳步轉過身，往那位教練走過去，因爲我看到了他耳後的助聽器。由於朋友已經在捷運站等我，我拿了傳單後並沒有打算塡寫資料，於是有點著急地跟他說：「你可以把手機號碼給我嗎？我最近剛好有一些健身的問題。」

我沒想到的是，他指了他的耳朵，原來他是完全聽不見的。我照他的指示留了資料，他指著掛在胸前的名牌，我點點頭示意我知道他的名字，他把名字跟服務的分店寫在紙條上給我。我手中捏著紙條走了三步，回頭看到他繼續彎腰跟路人發傳單，我有點無地自容。

我開始對自己剛剛走出冷氣房對於豔陽的抱怨感到羞愧。我們大多數人在衣食無缺的家庭裡長大，接受的是完整教育，但正因爲我們從小沒有遇過太多挫折，我們出社會後只要一遇到問題，想的往往不是「我做錯了什麼？我下次應該多做些什麼來避免遇到類似狀況？」而是開始抱怨，急著找一個替死鬼。

我們怪政府政策不對，太往財團或是對岸靠攏、我們怪老闆不夠相信年輕人，我們怪整個薪資結構扭曲，以及房價被炒得太高，以至於我們快活不下去。偶爾，有些少數人身先士卒出來改變，往往換來大家的冷眼旁觀及潑冷水，就像螃蟹理論講的一樣，我們不願意別人爬得比我們高，死命地把旁人都拉下來。

我問過許多創業家，爲什麼創業？得到的答案有很多，但大家共同的交集是「某個產業太亂了，我想要出來改變」。我問過許多身體力行支持學運的朋友，爲什麼犧牲自己的時間、金錢去支持學運？得到的答案一樣有很多，但共同的交集是「我覺得那些大人做錯事了，我想要出來改變」。

在群體之中總是有一小群人把抱怨轉爲正向的力量，出來破壞現有的體制，然後創造新的商業模式或是遊戲規則。但是不夠，我們大多數的人仍然在抱怨，我們仍然貪玩貪睡，然後跟著電視新聞一起訕笑政治人物或是成天做一些無關緊要的事情。我們也不願意給那些願意改變的人支持，當有朋友離開安穩的工作去創業時，我們第一個反應往往是「你瘋了嗎」，或者是有些幸災樂禍地認爲「我在公司裡又少了一個對手」。

前陣子與一位長輩吃飯，他跟我交換了許多在帶領年輕團隊時的技巧。

在準備離開前，他問我：「你能不能以年輕人的身分跟我說，現在年輕人最該擔心的是什麼？」我想了想，有點不好意思地回答他：「我們不願意努力，但我們更不願意給努力的人支持；我們不願意改變，還會對願意改變的人潑冷水；我們不願意找方法改變現狀，我們會試圖告訴那些找方法的人：『你別傻了』。」

我深知這是年輕一輩最大的缺點，所以我一直努力地在與它對抗。但從小沒吃過太多苦，以及在職涯上還算順利的我，就是會因爲必須在盛夏穿著整套西裝，吸著因爲捷運施工而瀰漫在天空的粉塵而抱怨。

下次當我們又因爲一些小事抱怨時，希望我們都能想起這個故事。我無意拿身障人士做文章，只是這段故事給我的啓發，遠遠大於梅西又帶領阿根廷隊贏了一場球。我們唯一該問自己的事情是：「這世界有太多人正在經歷比我們更值得抱怨的狀況了，但他們沒有選擇抱怨而是選擇努力突破現狀，那我們還有什麼好抱怨的呢？」

停止抱怨，然後向那些創業家或是極限運動家，甚至像那位有著完美倒三角形身材的先生一樣，去努力思考「我還能做哪些努力，讓事情更好」。

記得，一定要把所有專注都放在「我」。

我們總是試圖告訴那些找方法的人：「你別傻了。」
然後自己依舊埋怨一切。
我深知這是我們年輕世代一個很大的缺點，
我一直努力地與它對抗。

13

減少干擾

我看著我的員工不斷地切換臉書、Line、Whatsapp 的聊天視窗，突然想起了兩年前，我還在上一間公司時，總監曾經苦口婆心提醒我們這些年輕主管的事。

兩年前一次例行性會議上，大家正在針對幾位績效落後的主管做檢討，總監則是靜靜地坐在一旁。

他是位非常有智慧的人，以第一名的成績從台灣頂尖的商學院畢業，放棄出國拿碩士的機會，考進銀行，從專員開始做起，一路晉升到信用卡的資深經理，把發卡量從一年數千張提升到破百萬張，在三十三歲那年他轉調到業務單位，之後再度成為業務單位的第一名。

當大家七嘴八舌在討論原因的時候，總監突然打斷大家。他很少這樣做，他是一位非常棒的傾聽者，總是讓我們把想法給說完，才會表達自己的看法，即使我們的想法大多時候都有點愚蠢。

他在黑板上寫下一個公式：「表現＝能力－干擾」

接著他舉了一個例子，有兩位主管，A的能力有八十分，但是干擾卻有四十分；另一位B的能力只有六十分，但他的干擾只有十分。在工作上來說，是A的表現比較好呢？還是B？

毫無疑問，是B。

他露出溫暖的笑容，對著大家說：「這就是我想表達的重點。」

我打開了公司內部在用的溝通軟體，傳訊息給那位員工，告訴她我想跟她開個二十分鐘的臨時會議，請她到隔壁的會議室等我。

當她到了會議室的時候，我請她先坐著，然後我起身，就像我前主管一樣，在黑板上寫下這個公式：

表現＝能力－干擾

我的員工是位非常可愛的女生，這是她的第一份工作，到目前為止，我給了很多超出她能力範圍的事，讓她承受很大壓力，但她都能將這些任務一一完成，我心裡知道她可以更好。

跟任何一位二十多歲的女生一樣，她非常愛自拍，總是在乎每張照片的光線跟濾鏡，也會嘗試很多新的餐廳然後把佳餚拍得美美的上傳，接著期待按讚數量。我最常跟她開的玩笑就是，假設哪天我中午肚子餓了卻懶得走出辦公室買東西，那我一定請她放上一張自拍，附上一段「肚子好餓喔！想吃午餐」之類的文字，接著就會有一些她的粉絲把食物送來辦公室了。

我看著她，問她說：「最近還好嗎？我最近發現妳常在辦公桌前拿起手機皺眉，或是看到 Line 的訊息之後把手機翻過來蓋在桌上，不看螢幕。」

她有點驚訝地問我怎麼會知道，我跟她說我也經歷過這個年紀，我知道妳大概發生什麼事，要不要試著跟我說？

她猶豫了一會，接著開口說：「我前陣子跟男友分手了。爲了快點走出來，我開始跟一些男生約會，我對其中一個男生有點好感，但見面後感覺好像又還好了。同時，我還跟前男友持續在連絡……我只是試著不想失去任何一方。」

我點了點頭，然後請她看向黑板，接著跟她說，這是我的前主管曾經提醒過我的話，而身爲主管，我現在要提醒她，大多時候工作表現有落差，都不是能力的問題，因爲能力並不會突然消失，但干擾卻會突然增加。我並不是指責她最近工作表現不好，但我在這個階段提醒她「干擾」的重要，是希望能防範於未然。

我希望你們知道，這個「干擾」的來源有很多，你的情緒會干擾你的工作、你的約會對象在上班時間一直傳訊息給你而你一直看也算、你的朋友在通訊軟體的群組裡講屁話那也算、甚至你的爸媽在你的上班時間打給你那也算。

廣義一點來說，任何會阻礙你完成工作進度的都是干擾。

當你出了社會之後，完成工作是你的重要任務之一，否則以公司立場而言，老闆為什麼要花成本請一個無法完成工作任務的員工呢？

我並不是說你們都不要約會、不可以在上班時間跟朋友聊天、瀏覽臉書。而是你每次分心回訊息、看臉書有幾個讚，都會把你的思考給打斷，等你回完訊息後要重新暖機再進入工作狀態，又要再花上一段時間，然後你的事情又會做不完，每天都待到晚上八點、甚至九點才走。

之前曾經有一位記者去訪問臉書的創辦人：「你為什麼總是穿著灰色的T恤跟牛仔褲上班？」

臉書的創辦人說：「因爲我每天都有太多決定要做了，所以我實在不想花時間在做這個無關痛癢的決定。我寧願把時間花在公司的決策上，因爲我的公司正在服務全球十億的人。相較之下，我每天穿什麼衣服上班，這個決定實在是一點都不重要。」

這就是我說的，要減少干擾。

換句話說，你要懂得分辨什麼事情對你而言是重要的。

如果你眞的想跟這個人繼續約會，那你上班花一點時間回訊息無妨；如果是你非常重要的朋友，那你上班花一點時間在臉書上回留言倒也無妨。

但是哪個人是你想繼續約會的？哪些朋友是眞的重要的？

這就是科技帶來的壞處之一，你把自己的生活攤在公開的平台上，全世界任何人都能在任何時間連絡到你，這是前所未見的狀況，我們的干擾變得非常非常多。

以前，我們要拿到一個人的手機號碼並不是件容易的事。而簡訊也不會顯示已讀或未讀，我們要突然消失在這世界上也非常容易。但在現在的世界，科技的進步以及人們的自尊心作祟，讓你只要拍張照、修個圖上傳，從讚數當中就可以獲得成就感；但回到現實生活，那些所謂的讚或是追蹤對你有任何影響嗎？

我指的是，對你完成工作有沒有正面的影響？如果沒有，趕快停止在上班時間做這件事。

讓我們把事情的格局更放大一點，在人生中，你應該盡量減少那些干擾，才有更大的可能去達成你的人生目標。

記得，會阻礙我們前進的，往往不是我們的才能不足，而是干擾太多。

表現 = 能力 – 干擾

阻礙我們前進的，

往往不是才能不足，

而是干擾太多。

14

量化的能力

店員熱情地跟我打招呼，並且跟我說：「曾先生，你有陣子沒來吃飯了，跟往常一樣，燉飯已經在你來電的時候就先做了，再等十分鐘左右就可以吃，你要不要試一下我們的新菜？」

這是一間我非常熟悉的餐廳，離我上一間公司的辦公室很近，我以前常在這邊跟朋友聚會。我相信大家一定也有類似的經驗，換工作後因爲辦公室換到了不同的區域，我們開始會在新的辦公室附近嘗試新的餐廳，而當我們過陣子後再回去舊公司附近吃飯時往往會有種不眞實的感覺，彷彿自己還穿著西裝或是上一間公司的制服。

過了一陣子，我朋友走了進來，事實上這也不過是我們第二次見面，上次在朋友辦的聚會時我們沒什麼機會說到話。因爲我現在工作的公司想要招聘一名有公關跟行銷經歷的夥伴，我朋友跟我推薦她，所以我發了訊息約她吃飯，想跟她輕鬆地聊聊天，看她對我們現在做的事有沒有興趣？沒想到她一進來，剛放下東西就有點不好意思地對我說：「其實我剛拿到了一個吉隆坡的工作機會，我預計下個月就要搬過去了，這樣你跟我吃飯會不會很浪費你的時間？」

我笑笑地跟她說：「沒關係，很恭喜妳，那我們今晚可以多喝兩杯替妳慶祝一下。」

由於我們對於彼此的認識很淺，大概只知道對方的英文名字跟現在上班的公司，所以我們開始天南地北地亂聊，聊看過最多次的電影、最近一直重複聽的音樂、過往的工作經驗……等。在聊到工作經驗的時候，她說對要去吉隆坡感到一半興奮、一半害怕，興奮的是可以參與一間歷史悠久的美國公司到東南亞設點這個成長的過程，也對要到一個新的城市生活感到興奮。另一方面，到現在仍然懷疑這個決定對自己的職涯有沒有幫助？當時只是憑著一股應該多體驗世界的感覺就做了這個決定，但很多的朋友都說要想清楚。假設我是她的話，會怎麼思考這件事情？再換工作的時候評斷的標準是什麼？怎麼規畫自己的職涯？

我跟她說，我覺得現在的職涯很難規畫了，因爲科技進步得太快。三年前的我絕對不會想到現在飯店的門可以用手機或是一些穿戴式裝置感應開門，或許再過一陣子，鑰匙這種東西會完全消失在我們的生活。所以想那麼多的意義並不大，領導力、國際觀、洞察力這些我們常聽到的名詞都太淺層了，重要的是這些名詞背後的定義。但三年前對於領導力的定義跟現在一樣嗎？三年後對於領導力的定義跟現在一樣嗎？當我們用現在的定義去規畫未來，這註定就是場悲劇的開端。

我問她眞的認爲當初進 Google 的早期員工有預期 Google 會成長到現在

的規模，才選擇加入的嗎？至少我不這麼認爲。她疑惑地問我說，所以我們都不用規畫？就跟著感覺走，去做自己好像喜歡的事？

我說也不全然是，回到剛剛 Google 的例子，或許會加入 Google 的早期員工想的比我們單純很多，例如說 Google 可以給他比較高的年薪、Google 可以給他比之前團隊更高的股票選擇權、Google 離他家比較近。或許可能是 Google 的自由度比較高，但自由度比較高，即使意味著比較少的會議跟蓋比較少的章，背後還是數字跟量化。

當一個員工無法把指標給量化的時候，我覺得他是很危險的。想像一下你是公司總經理，一個提案的開頭是「這個專案會在東南亞進行，我需要一些有東南亞經驗的人」；而另一個是「這個專案會在東南亞進行，我需要一個四人團隊，這四個人至少在東南亞的城市裡工作過兩年」。

你會比較想聽哪個人繼續說下去？或是你會想把哪個人給趕下台？

所以我的做法首先是，試著不要停留在淺層，探討得深一些。領導力？領導幾個人的團隊是你希望可以在下一份工作達到的？國際觀？待過幾個不同城市或是時區會比一般人相較下更有國際觀？

總之，把我想學的那些××力或想拿的年薪、股票全列在同一張紙裡面，取前三名並且替後面加上一些數字。如果我現在的工作在未來沒有辦法滿足我，或是要花上一段我無法等待的時間才能滿足我，我就會跳槽。

以她來說，如果比較有現實的壓力，這個數字或許是年薪，那就可以選擇薪水比較高的產業，穩定地待在業界累積實力跟薪水。如果她想跟看最多次的電影《壁花男孩》裡演的一樣，趁年輕去經歷許多故事，那可以把英文練好，一年換一個城市工作，不管做什麼都好。

當所有東西都很混亂而且很難被預測時，記住一個道理，單純且永恆的數字往往才能帶給我們方向，去參考一些隨時會變動的定義是很沒有意義的。

把想學的 XX 力、想拿的年薪全列出來，
後面寫下參考數字。
如果現在工作無法滿足，
那就選擇跳槽。

15 網路時代的思維大洗牌

前陣子我接到一通電話，是一位我之前還在壽險業時的客戶打來的，他已經從香港的私募基金回到台灣的顧問公司任職已有兩個月，接手顧問公司裡專門負責互聯網，以及各種數位行爲的團隊。由於我們兩個的辦公室近到走路只要三分鐘就能到，所以我們決定約個時間吃午餐，好好地敘敘舊。

在吃飯的過程當中，我跟他聊到了一件有趣的事。

以前在壽險業的時候，每天早上九點要開會，但大家都八點多就到辦公室，而且會以早到辦公室爲榮，所以我把這個習慣帶到了現在的新創公司。一開始公司還沒有業務團隊，工程師大約都十點才會進辦公室，所以我永遠都是最早到公司的人。

等到有了業務團隊後，我依然規定他們要在九點半進辦公室開會。我的業務團隊都是工作經驗不超過兩年的職場新鮮人，甚至有些才剛從大學畢業，所以他們沒有那種「九點半開會就是把筆記本準備好、投影機弄好、早餐吃完直接進入開會狀況的觀念」，而是毫不客氣地在九點半前兩三分鐘才拿著早餐衝進辦公室。

可想而知，開會的效果很差，因爲大家是邊吃早餐邊開會的。於是我規定大家：「以後九點半開會不准吃早餐，九點半開會的意思是『九點半所有人都已經暖身完畢』，而不是邊啃早餐邊恍神著開會。」

我講這些話的時候心裡想著：「這樣以後開會應該就順暢很多了吧！」

結果沒有。他們稍微提早了一點點到，但還是沒吃完早餐，你能想像跟餓著肚子的人開會有多沒效率嗎？

我後來突發奇想，召集大家，問他們說：「我老實問你們，九點半開會眞的很痛苦嗎？」

他們一片靜默，你看看我，我看看你。

我心裡知道答案了。我接著說：「以後都改成十點開會，但我的條件是『大家都要準備好』。你們可以九點半來，九點四十來，把早餐吃完後拿著筆記本進會議室，十點再開會。」

在那次之後，我們開會的效率好上許多。

他笑著說，最近也經歷過類似的事。以前在傳統金融業的時候，每年都會有預期的報酬率，如果今年的報酬率是四〇%，那大家一定會絞盡腦汁去達成，因爲所有的人都知道，沒達到的話就倒大楣了。

但現在不一樣，因爲許多網路公司還在尋找屬於自己的商業模式，或者是他們做的事情在歷史上根本沒有足夠的資料讓他們去做判斷，即使客戶們都有成長預估，但很難有具體的邏輯跟做法來達成那個預估值。

這對他來說是個很大的衝擊，因爲過去十多年來的工作經驗就是分析過去的數據來猜未來市場走向，再告訴投資人今年金融市場的預期報酬率會有多少。而現在比較像是客戶隨口說一個數字，然後雙方一起想辦法達成。

但通常第一次的想法都不是正確的，他們必須從執行的結果快速做出修正，重新執行，接著不斷重複這個循環，直到接近那個「好像是」隨口說出的數字爲止。

沒錯，在以前大多數的時候，我們做某個決定或是擬定策略，依靠的都是過去的經驗。

以我的例子來說，我根本沒思考過爲什麼要九點半開會，只是因爲我習慣九點開會，所以想說配合網路公司比較晚上班的習性，所以改成九點半開會。

而當團隊不適應的時候，我第一時間並沒有去思考「九點半開會的目的是什麼」，而是再跟大家重申一次「九點半要準備好開會」。

但我發現團隊還是沒辦法辦到這件事的時候，我思考了「九點半開會的目的是什麼」，才發現九點半開會根本是沒什麼意義的事，因爲開會是爲了「用最短的時間溝通完必要的事情，讓接下來的工作能更順暢」。

既然如此，我就改到十點開會試試看，看大家會不會比較有精神。結果不僅開會的時間縮短，大家的注意力也比較集中。

我想說的事情是，在工業革命後的網路革命時代，所有的過去的習慣跟經驗都可能會害慘我們。

因爲網路時代誕生的時間太短，而且進步得太快，眞的沒有足夠的數據或是案例形成經驗，我們腦中的經驗都還停在之前的工業革命的模式，並不適用於現在。

而在累積足夠的數據或是案例形成網路時代的成功經驗以前，我們能夠做的就是依照結果做出最快的修正，然後再執行，直到達成我們一開始的目的為止。

這個思維不是只適用於網路業，而是適用現在的每件事；因為現在我們身邊的每件事，幾乎都是由網路跟生活在網路世代的人們所共同組成的。

多數時候，

我們依靠過去經驗來擬定策略。

但網路時代下，

必須重新思考背後的目的究竟為何。

16 四個重點，教你反客為主，面試自己未來的公司

最近台北的天氣陰晴不定，中午的陽光常常刺得人發疼，下午的時候卻又無預期地來場大雨，就跟許多目前正面臨求職的畢業生，或是準備轉換工作的朋友們一樣，總是對即將開始的新生活充滿著期待，但又感到惶恐。

幾天前我很久不見的同學透過 Email 連絡到我，他大學因為出國當交換生的關係延畢了一年，回來之後又念了研究所然後入伍，所以他直到最近才要開始尋找第一份工作。他知道我有了快四年的工作經驗，本身也擔任主管職，也因為業務上的往來所以認識許多行業的人，所以希望可以跟我聊聊，看有沒有什麼建議可以給他。

我們約在我辦公室附近的星巴克碰面，他穿著白色的 Nike T 恤與牛仔褲，而我則穿著整套的黑色西裝。人生就是這樣子，十年前我們還一起在教室裡面嬉鬧，下課的時候利用十分鐘時間抱著籃球衝到球場上去投幾顆球，但是在連續幾個當初看似不太重要的不同抉擇後，成就了現在那麼不同的我們。

在交換了彼此的近況，以及同學們現在在哪裡、在做些什麼之後，他開始跟我分享他最近找工作的情況。他面試了六、七間公司，全部都請他去上班，當中有比較大的集團，也有新創的小公司，他實在是無法決定要去哪間公司上班。

對於我們來說，工作的成就有很大部分會決定我們過什麼樣子的人生，今天我們進公關業，過的可能就是光鮮亮麗的生活，就跟我們看過的那些電影一樣，但背後隱藏的是超時加班以及感覺腦袋常常被榨乾的無力感。如果我們選擇的是公務人員，或許可以擁有不錯的收入與穩定的人生，不過換句話說，我們的人生會少掉很多的可能性。

有鑒於此，我一直認爲不只是產業或是公司挑選我們，我們也應該謹愼地挑選產業與公司，因爲這個時候，我們是在挑選我們人生未來的樣子。以下有幾個問題或要求，是我覺得在面試的時候我們應該詢問面試官的：

第一，公司有沒有完整的培訓計畫？

人才一直是公司很重要的資產，訓練也一直占公司很大的成本。對於每份工作來說，除了薪水之外我們也都會期待這份工作可以讓自己成長，或是增進某些能力。所以我們應該詢問面試官，假設我進了這間公司工作後，公司內部有沒有完整的訓練機制，或是有沒有經費補助我們去外面進修。

第二，公司內部有沒有合理的升遷管道？

如果不想一輩子當基層員工，我認爲這個問題非常重要。我們可以客氣地詢問面試官，一般來說，我們多久可以升任主管職？升任主管職需要哪些條件？當我們勝任主管職的時候，公司有沒有相對應的訓練計畫來精進我的管理以及對團隊溝通的能力，而不是把幾個員工丟給我叫我們自己去搞定這一切。

第三，要求在正式簽約上班前去接觸以後自己所屬的團隊。

我們上班後每天可能要工作八小時甚至更多，跟同事相處的時間可能會超過父母或是另一半。有些團隊的氛圍比較輕鬆一點、有些團隊的氛圍比較嚴謹一點，每個人喜歡的都不一樣，至少在決定要進這間公司前看過這個團隊，跟幾個同事打個招呼。

我聽過太多的朋友因爲跟團隊或同事相處的不融洽，或是覺得格格不入而抱怨，甚至離職。

第四，要求與直屬主管面談。

進公司後，我們所有的工作都要對直屬主管負責，而直屬主管也是跟我們接觸最頻繁的人之一。事先與未來的主管聊聊天，看看跟這個人的「氣場」合不合。直屬主管除了能夠給予我們工作上的協助外，也會是我們在職場，甚至是整個人生上的好老師。

相信大家一定聽過朋友們在抱怨主管，或是自己也曾抱怨主管，如果想要避免遇到一個跟自己完全不合的主管，事先的面談是很重要的。

不用怕因爲跟面試官提出這些要求會毀了我們的面試機會，可以跟面試官說因爲我們非常重視接下來的工作，也希望有機會可以跟未來的公司有個愉快的合作，所以才提出這些要求。如果是一間成熟的公司以及面試官，反而會覺得我們是做了很萬全的準備，因此而對我們印象深刻！

我們一天二十四個小時裡面，可能會有八至十小時在工作，工作的時間會占了我們三分之一到二分之一左右的人生。所以不要只讓資方挑，我們也要挑資方，因爲我們在挑選的同時，就是在挑選我們人生未來的樣貌。

四個你該問未來公司的問題：

1. 公司有沒有完整的培訓計畫？
2. 公司有沒有合理的升遷管道？
3. 能否先認識未來自己所屬的團隊？
4. 能否與直屬主管面談？

17 最容易被忽略的兩個理財問題

時間有點晚了，旁邊的店家幾乎都在準備歇業，我到的時候一眼就認出了我國中同學，我跟他打了聲招呼後坐下，我同學看起來非常疲憊的樣子，他是做二休二的工程師，因爲調假的關係已經連續上了五天的班。前幾天我的臉書傳來一則訊息，坐在我對面的這位同學工作已經快三年，之前嘗試了一些理財方式，但感覺效果都不如預期，所以他想找我聊聊。

我開始詢問他的收入、工作形態，以及嘗試過哪些理財方式，我很快就發現問題所在。這兩個問題是我觀察到大家比較少思考到的，也是市面上的理財書籍比較少提到的問題，這次就提出來跟大家分享：

忽略了理財背後的「機會成本」。

不管是我們把錢放進哪種投資工具裡，我們都會花時間關注它，或是去研讀相關的資料。但因爲年輕人一開始的本金都不大，所以效果並不會太明顯。

比較樂觀的狀況是，我們每天花一小時的時間研讀關於股票的資訊，然後在上班時間偷偷的買賣，每年都很厲害的獲得了八%的報酬率，但對於年輕人而言，一開始可以拿出二十萬投資在股票市場就很不容易了，這樣一年所獲得的投資所得也才一萬六千元，等於一個月才加薪一千三百元左右。

我們可以試想一個狀況，如果我們把每天的那一個小時花在自我進修上，可不可以替自己一個月帶來額外的一千三百元收入，如果可以，那就不應該把時間花在投資上（而且買賣的時間通常都是上班時間，這會剝奪掉我們上班的注意力）。

更重要的一點是，投資的收入會遇到很多市場狀況，不可能每年都非常穩定。但是自我進修所累積出來的硬實力或軟實力是不會跑走的，而且很多的經歷跟閱歷都會顯現在我們的履歷表上，並不會因爲金融風暴或是歐債危機而消失。

忽略掉看不到的「隱藏負債」。

很多理財的專家都會強調「理財前要先理債」，這是一個非常棒的觀念。但問題是，我們通常都只理了現在的債，而忽略掉了「以後的債」。以後的債範圍很廣，但不外乎就是我們會不會因爲某些事情的發生而突然負債。例如說父母本身有些債務的，就要好好考慮拋棄繼承的問題，甚至是親戚的債務都有可能會因爲親戚的子女跟父母皆拋棄繼承而跑到自己身上，我們清楚父母親戚的債務狀況嗎？萬一長輩的財務狀況不好，我們了解拋棄繼承的程序嗎？另一些例子是，因爲罹患了需要長久休養或是不斷支出醫療費用的疾病，或是發生意外而導致的收入中斷與支出暴增。這個範圍也很廣，不只是我們本身，父母年長後的病痛也常常是讓年輕人突然出現負債的來源之一。有去詳細了解家族是否有特別的病史？有去了解自己跟父母的保單買齊了沒有？

切記一個眞理，算命師或許可以告訴我們幾歲結婚，但他絕對算不出來我們什麼時候發生意外或是家人什麼時候生病，沒有必要去拚機率。

財富永遠可以被創造，但是時間不行，所以在理財前要思考的是「我們到底要花多少時間學理財」。另外，「理財前先理債」，除了把目前看得到的債務先理清楚之外，也要注意那些在未來會讓我們負債的「未來負債」，能避免就要盡量避免。

理財跟整個人生的規畫是密不可分的，絕對不是看著螢幕按下按鈕買賣金融商品，然後去注意到最後面的總報酬率而已。

隨時問自己一個問題：我目前的財務狀況讓我覺得幸福且對未來安心嗎？我現在的投資即使賠錢了，對我的生活也不會有很大的影響嗎？如果答案都是肯定的，那我們的財務狀況才稱得上健康。

最容易被忽略的兩個理財問題：

1. 忽略了理財背後的「機會成本」。

2. 忽略掉看不到的「隱藏負債」。

PART 4

生活在這座城市的你們會面臨到的掙扎

「愛情跟麵包，你怎麼選？」

這個問題似乎很簡單，但我們逐漸發現，當年歲漸長，歷練越多，考慮這個問題的時間也變得越來越長。

我坐在辦公桌前盯著電腦，又看了一次在Email信箱裡那封夢幻企業的錄取通知；但僅僅是切換個視窗，行事曆的排程裡顯示著星期五，我的父親即將動心導管手術。

「我該抓住千載難逢的機會，還是為了從小養育我的父親而放棄？」

他義憤填膺地在速食餐廳裡高談闊論，向同伴們訴說自己當上主管後絕對為底下員工向上據理力爭；在速食餐廳對面的高級牛排館裡，坐著十年後已經穿著西裝的那個他，而他正在考慮為了延續公司的生命，裁掉一整個部門。

他心一橫，簽了文件，在心裡問自己：「我終於也變成討厭的大人了嗎？」

我們總是以為，我們懂得越多，煩惱越少。

但事實是，我們懂得越多，掙扎越多。

18 教練存在的價值

前陣子，我接到了常去的健身房教練的電話，他告訴我每個會員都享有一次免費的身體檢測與運動方面的諮詢，我心裡雖然知道他應該是要銷售我教練課，但還是跟他約了時間前往。

我平常每個星期會運動三次，以上班族來說，我的身體算是非常好的。除了可以跑完四十二公里的全馬外，我去健身房的課表都是有精心安排過的；每次做什麼動作、做幾組，我都會嚴格完成。簡單來說，我去健身房不是單純地動一動，而是爲了在工作外讓自己另外找個目標去突破。

檢測結果很快出來，我的身體綜合評分是九十一分。

我身高一百七十一公分、體重七十五公斤、體脂率在一五％左右，身體各方面的肌肉密度都是顯示強健，連教練都有點驚訝地問我：「你的身體素質可以算得上是教練級的了，你是怎麼保持的？」

我跟教練說：「其實我之前在別的健身房就上過教練課，那位教練是台灣舉重國手的顧問群之一，我在他身上學到很多關於運動跟飲食的觀念。除了運動之外，我連飲食也有在控制。我把每天該攝取的熱量、碳水化合物、蛋白質、脂肪等都列出來，然後以一個星期的區間去規畫。這樣當我這個星期聚餐比較多，就可以知道我可能吃進了較多的脂肪跟熱量，我在下星期就會特別注意我的飲食。」

之後的十五分鐘，我跟教練交換了一些關於鍛鍊的方法，我向他提出了一個疑問：「我的深蹲重量已經一陣子沒有進步了，我想應該是有些微小的關節動作我沒有掌握住，可以請你看一下我的深蹲動作嗎？」

我走向深蹲架，在架上加了一點重量，蹲了五下給教練看。

看完之後他跟我說：「你的關節活動度有點不夠，所以你在站起來的那一瞬間身體會有點前傾，導致你太依賴大腿的力量站起來。你先跟著我這樣做，把筋稍微拉開一點，然後再試試看。」

我照著他的方法拉了一陣子的筋，再做一次一樣的動作，果然眞的有差。

他接著說：「除此之外，你在蹲到底準備站起來的那瞬間，發力應該從髂腰肌發力，而不是只想著要把槓鈴頂起來。接下來的課程中，你暫時先不用背重量，我幫你從空手開始穩定你的動作，等動作穩定後，你自然有辦法頂起更大的重量。」

很久以前，我曾經請教過一位在銷售領域非常頂尖的前輩如何繼續進步。他是這樣分享的，據說，全世界最頂尖的籃球運動員麥可．喬登至少有投籃教練、體能教練、總教練三位指導者，而且他還曾經爲了加強自己的三分球又另聘教練指導。

當你在某個行業或領域越久，你就越容易忘記，或是不在意一些基本的動作。

你還記得自己第一次開車上路的樣子嗎？是不是乖乖地把兩手放在方向盤上，左顧右盼後才慢慢地將車子移出來？在路上總是全神貫注，不時查看左右兩側的鏡子跟後照鏡？

那你現在是怎麼開車的呢？我猜是單手轉著方向盤開車，甚至會邊開車邊講手機吧？

而所有的意外就是在這不經意的小地方，或是你根本不在意的疏忽中發生。

人都是這個樣子的，當我們熟悉一件事後，就會開始想辦法縮短完成那件事的時間，當再過一陣子後，就會忽略一些基礎的動作。過往累積的經驗讓我們即使忽略掉那些基本動作還是能維持一樣的表現，但也僅止於「維持」。

教練的目的在於，他能夠看出那些你忽略掉的基礎動作。因爲老手絕對想不到，是那些他們認爲一點都不重要的基礎動作阻礙他們進步，他們總是想著：應該還有什麼更炫的技術吧？

眞的沒有，要能夠從老手成爲高手，關鍵就是「如何把基礎的動作在最有效率時間內完成」。

當我們在某個領域越久，我們越容易忽略基本動作，這是很多老手沒辦法進步成高手最重要的原因，也是教練存在的最大價值。

我像剛跑了撒哈拉沙漠超級馬拉松般虛脫地躺在地板上，滿身大汗且不斷地喘著氣，教練在旁邊說：「休息個兩分鐘，等等再來撐個三十秒，記得蹲到底的時候核心穩住，站起來的那瞬間由髂腰肌發力！」

我從沒想過，把最基本的空手深蹲，蹲好蹲滿，是這麼折磨人的一件事。

從老手變高手，

關鍵就是——

如何把基礎動作

在最有效率時間內完成。

19

頂尖或榜樣

近年來由於食安問題浮上檯面，台灣上下民心浮動，每天看新聞的時候都在尋找我們慣吃的廠商有沒有在名單上。除了擔心自己的身體健康，後續的退費，以及政府未來有沒有新的措施之外，更多人心中都還有另一個問題：「台灣怎麼會變成這樣？我們到底還有多少隱藏起來的未爆彈？」

我想起來有一次去聽一場演講，講師問了大家一個問題，那個問題是，「你期許自己成爲一個行業的頂尖？還是期許自己成爲一個行業的標竿？兩者有何不同？」我苦思這個問題很久，直到有一天我準備出門，看到衣櫥裡那件紅襪隊的T恤，我才有了初步的答案。

在職業棒球中，最頂尖的就是美國的大聯盟，那裡聚集了全世界的頂尖好手同場競技，美國大聯盟中有一個獎項叫做「賽揚獎」，這個獎項是專門頒給當年度表現最好的兩個投手，換句話說，獲頒「賽揚獎」的投手就可以說是最頂尖的投手。

從開始看棒球至今，我心目中頂尖的投手有好幾位，他們每個人都是才華洋溢，用極快的速球以及犀利的變化球讓大聯盟的打者只能望球興嘆，但在我心中，可以稱得上「榜樣」的投手卻只有一位，而這位投手，他終身沒有獲頒過賽揚獎。

他是柯特．席林（Curt Schilling），而我爲什麼會稱他爲榜樣，有兩個原因：

第一，二〇〇四年美國職棒聯盟季後賽，洋基隊跟紅襪隊的世仇對決，誰先在系列戰拿下四場勝利，就可以前進總冠軍賽。前三場洋基勢如破竹，第三場甚至以十九比八的大比數痛電紅襪隊，取得絕對優勢。不認輸的紅襪隊連贏兩場，關鍵的第六戰由第一戰腳踝受傷的席林主投。

據說席林的腳踝韌帶在第一場受了撕裂傷，他只交代醫生動了簡單的手術把韌帶給「釘」回去，在第六戰的時候，傷口在激烈的比賽中再度撕裂，鮮血滲出了席林的襪子。事後受訪時他也提到，他在投球的時候必須不時低頭看自己的腳，確定鞋子還有沒有在腳上，因爲他的腳已經完全沒有知覺。比賽的最終結果，席林面對超豪華的洋基打線主投七局只失一分，紅襪隊終場以四比二贏洋基隊，將系列戰追成三比三平手，而這場比賽，被形容爲是棒球史上最令人動容的比賽之一。

第二，攝影機好幾次拍到席林在比賽中拿著一本筆記本，時而振筆疾書，時而盯著簿子低頭沉思。有次記者終於忍不住問他，這才知道筆記本裡記載了他上一局對敵隊打者投出的每顆球，球的位置，以及打者出棒打擊的結果，久而久之，他對所有打者的弱點都一清二楚。

席林一直維持這個做筆記的習慣，所以當他老化了，球速不快了，變化球也沒有年輕時那麼刁鑽的時候，他仍然能靠著筆記這門基本功和眾多的年輕打者周旋。順帶一提，他是大聯盟史上唯二能夠在四十歲時，還在總冠軍戰拿下勝利的投手之一。

以上的故事，有理解到「頂尖」跟「榜樣」的差別在哪裡了嗎？而這跟屢屢爆發的食安或是黑心商品，又有什麼關係呢？

頂尖跟榜樣的差別在於層次不同，頂尖指的是追求技術或是數據方面的極致，以商業世界來說的話，大概就是追求最大的獲利；而榜樣追求的是成爲該行業的典範，要成爲典範，技術或是數據都只是條件之一，最重要的是要有融入精神在裡面。這個精神，以日本人的話來講就是「魂」，也就是所謂的原則，換句話說，就是要有所爲，有所不爲，而這個爲或不爲的標準就是原則。

套到現在來說，食品業做出來的東西是要吃進消費者肚子裡的，所以不論東西好不好吃，至少產品吃進去後，不會讓消費者有任何健康的疑慮，這就是個很基本的原則。如果有 A 與 B 兩間食品公司，A 公司用基因改造的技術生產食品，降低成本讓公司大賺一筆；B公司則是秉持基本原則，一直用天然的方式生產食品，維持公司穩定的營運，這兩間公司，哪間才是消費者心目中的榜樣？

相信大部分的人應該會認爲B是榜樣吧！即使A公司的基因改造食品符合法令，也沒有足夠多的證據證明基因改造食品對身體會有明顯危害，但是消費者對於A公司就是會有疑慮。而堅持天然方式生產的B公司則是寧願成本高一點，也不願意讓消費者對於吃進肚子裡的東西有任何的擔心，這種有所爲有所不爲的做法才容易被人稱作是榜樣。

席林也是如此，他能成爲我心目中榜樣的原因不是因爲他拿過三振王或是勝投王，而是他敬業的精神以及長期以來不假手他人，自己做好基本功的原則感動了我，雖然他在整個球員生涯當中沒有獲頒過代表投手最高榮譽的賽揚獎，但這完全無損他在我心中的地位。

我們從小所受到的教育，被灌輸的觀念，是希望我們成爲第一名，成爲人群當中的頂尖，還是希望我們成爲人群當中的榜樣？

而我們出社會後的所作所爲，是在追求成爲一個行業的頂尖，還是成爲一個行業的榜樣呢？

如果榜樣或頂尖只能二選一，你會怎麼選呢？

頂尖與榜樣，

差在一個「魂」字。

20 I had a bad day

「嘿，我真的覺得當時的我好蠢，爲了這麼微不足道的事落淚。事情就跟你當初安慰我的一樣，根本很小，那天不過也就是人生中的某個星期二。」她邊講著，又露出了那天真的招牌笑容。

她是我一個很親近朋友的學妹，幾個月前的週末，我們在一間歐式的酒吧裡認識。她一邊喝著我覺得根本就是果汁的調酒，一邊興奮地跟我說她之後申請國外實習的計畫，就跟每個被壓抑了很久的傳統台灣孩子一樣，這是她第一次嘗試離開父母的視線，到那些以前只能在網路文章，或是電影裡看到的國度冒險，跟來自四面八方的人一起工作。在我們那次見面之後，我幫她看了履歷，給了她一些建議，也介紹了一些有類似經驗的人讓她去連絡。

事情看似進展得很順利，但就在前幾天的下午，我接到了電話，她哭哭啼啼地告訴我她覺得自己在面試的時候表現得很糟，覺得很對不起我。我問她總共花了多久時間準備面試，她回答大概一個星期。我眉頭一皺，跟她說：「妳花的時間太少了，之前有幾篇網路上的文章在寫說國外的學生是如何準備實習，妳應該有看過，坦白說，如果妳不花上比他們多的時間準備，我不認爲妳能夠用一個不是母語的語言很完整地在面試官前表達出自己。」她沒說話，只是語塞地「嗯」了一聲。我可以跟其他人一樣安慰她這一切都會沒事的，或許下一次面試會表現得更好，如果這可以讓她心裡好受一點，我很願意做這件事。

如果你跟她一樣已經準備去實習了，某種程度來說，這就是脫離保護傘的第一步，我想提醒一件事，要是面試不順利就很難過，覺得這根本是世界末日的話，那你就錯了，以後可能得不斷地面臨類似的挫折，而且打擊的力道會越來越重。這跟你選擇哪條路無關，你走哪條路，都會遇到越來越大的挫折。所以我想換種方式安慰你，若你覺得自己現在像是心臟被刺了一刀，在我看來那不過就是跌倒的皮肉傷而已。你每往前一天，就會傷得越重，你會骨折、會覺得越來越痛苦、會覺得自己當初爲何選擇這條難走的路，但這跟你選哪條路眞的無關。

我已經工作快五年了，每次跟朋友聚會時朋友問我工作壓力大嗎？我總是反問，有人活著是沒有壓力的嗎？有人問我最近過得開心嗎？我總是反問，你眞的相信有人活著都是開心的？這些話聽起來好像有點負面，但我眞正的意思是，接受挫折或是有關壓力的任何一切，因爲這就跟喝水一樣，是你以後日常生活的一部分。甚至當你出了社會後，你的每天有大部分是由問題、挫折、壓力所組成。

有句話是這樣說的：「I had a bad day. But I didn't take them home with me. I left them in a bar along the way home.」（我今天過得很糟，但我沒把壞

情緒帶回家。它們被我留在酒吧裡了。）

當你面對壓力時，如果想打自己兩巴掌，那就打吧！如果想找個地方靜一靜，那就找間咖啡館在那裡盡情難過整個晚上，或是找間酒吧點杯喜歡的酒，直到店家打烊。相信我，這些情緒都會隨著時間過去，就感性上來說，那一天不過就是你人生中的某個星期二；就理性上來說，如果你要繼續進步，如果你要避免再遇到類似的問題，那就投入更多的努力！

有句我很喜歡的話可以跟你分享：「眞正的勇者並不是無所畏懼，而是能夠帶著恐懼卻繼續前進」。

每個在NBA打球的超級巨星，身上都帶著很嚴重的傷，但他們每個晚上仍然盡全力地追求比賽的勝利，有次有個記者去訪問一個球星，問他說你每天帶著傷打球，難道不覺得很辛苦嗎？爲什麼不等傷好了再重新上場？那個球星一臉驚訝地看著那個記者，我猜他心裡一定在想，這小子是在跟我開玩笑嗎？但他還是回答了那個記者：「在這個聯盟裡有人是沒有帶著傷打球的嗎？我不這麼認爲，我要做的事情就是去接受那些跟著我的傷痛，然後在每個晚上展現出最精湛的技巧，如此而已。」

如果你正遇到挫折或是感到害怕，不妨告訴自己，這就是每天的日常生活而已，如果你想當一個比一般人勇敢一點的人，那就繼續往你想要走的方向繼續前進。

今天過得再怎麼糟，

事後回想，

那天也不過是人生的某個星期二。

21 你想怎麼被記得

前陣子家族聚餐，一位正在念大學的姪子剛好坐我旁邊，菜吃得差不多的時候，上幼稚園或是國小的那些小朋友們，已經不耐久坐地在包廂裡玩起來。

我先是看著他們天真地在包廂內跑來跑去，然後轉過頭跟我姪子說：「再過幾年，那些小朋友就會了解在包廂內打鬧是很不得體的事，他們就會跟現在的我們一樣，坐在位子上好好把飯吃完。雖然懂事成熟非常好，但純真跟快樂卻會慢慢從他們身上消失。我最近團隊裡進來了幾位年紀跟你差不多的新員工，我每天早上見到他們都覺得很開心，覺得人生充滿希望；卻又同時想著再過幾年，等他們懂事成熟了，或許也不這麼可愛了。」

沒想到我的姪子有感而發地跟我說：「現在的大學生，就已經很不可愛了！」接著，他告訴我一段耐人尋味的故事。

這故事發生在他們大學的系學會裡，每年依慣例，系學會都會替全系的學生訂做系服，以營造出系上的人是同一個大家庭的感覺。而廠商爲了拉攏生意，每年都會私底下給系學會的會長，或是採購的人一些小禮物，可能是 iPod Touch 之類的 3C 產品，可能是大家認爲收收小禮物無傷大雅，所有的人也都不以爲意。

直到今年，系學會的採購發現，一樣材質跟款式的系服，足足比去年貴了三百元。採購一問之下才知道，去年的採購獅子大開口地跟廠商要了兩隻 iPhone 5S 當作禮物，所以廠商決定把成本轉嫁到今年的學弟妹身上。

相當然爾，今年的採購拒絕了廠商這種誇張的報價，打算轉而向別的廠商訂購系服，而原本的廠商則是透過去年的採購向學弟妹施壓，所以這整件事情就這麼爆發了出來……

許多人認爲收取「回扣」似乎是整個商業世界的不成文規則，許多廠商跟採購間，靠著這種潛規則維持著商業世界的平衡。但是這種文化眞的是對的嗎？如果我們讓下一代從學生起就養成收不勞而獲的錢，以及自己錢拿了就不管下面做事的人的習慣，那未來的世界是不是會越趨混亂？

這個故事有很多的層面可以去做探討，我想跟大家聊聊兩件事：「短視近利」與「正確的價值觀」。

很多人做事情都只顧著眼前，而沒有考慮到遙遠的未來。只想著兩隻iPhone 5S，而沒有想到萬一事情爆發，自己的名聲就會毀於一旦，整個學校的同學跟朋友就再也不會信任自己。我們很「短視」，做什麼事情都不想花太多心思，就馬上有結果。大家如果觀察，近幾年來有兩樣東西非常流行，一個是「懶人包」，另外一個則是「速成班」，例如減肥速成、指考速成、英語速成、理財速成……等。

這個眞實世界跟念書可不一樣，不是我們今天讀了書，成果就可以馬上反應在明天考試的分數上。這個世界有許多東西都需要長時間的累積，在累積的過程中往往枯燥又無聊，但那都是必經的過程。可惜的是我們的媒體往往比較喜愛報導快速致富的故事，或是將報導集中在光鮮亮麗的成果上，而不是聚焦在漫長的累積中，所以造就了我們的「短視」。

人生如行棋，落子思三步。我們在做人生的每個決定之前，都要往後想得更遠一些，有些事情現在不發生，不代表以後不會發生，我們要思考未來，然後在現在做出對未來最好的決定。如果那位採購把事情思考得遠一些，我相信他的決定會有所不同。

關於正確的價值觀，我想提一個歷史上的知名人物南丁格爾。我們都知道她在護理師的歷史上扮演很重要的角色，但我們通常不知道她是名統計學家且精通數學。我們之所以會認識她，是因為聽過她提著油燈，不計敵我且不顧危險的照顧傷兵，而不是他在統計學或數學上的成就。能被千古傳誦的，往往不是最成功的企業家，而是眞正的爲人群奉獻，堅持善良且正直的價值觀的人。

如果那位採購先知道了南丁格爾的故事，或許他不會選擇跟廠商索取兩支 iPhone 5S；如果他從小被教導爲人群奉獻、善良且正直的價值觀，或許他會選擇告訴廠商，直接把回扣反應在售價上，讓整個系上的學生可以用低一點的價格穿上象徵大家庭的系服。

但話說回來，這也不能完全怪那位採購。從小不論是在家庭教育，或是學校教育裡，我們花多少時間討論關於「成績」的事，又花了多少時間討論了關於「價值觀」的事？

我們從小聽到最多的是「多撥一點時間去做對班級的公眾事務有益的事」，藉此教導下一輩們奉獻、以團體爲重的價值觀，還是我們聽到的都是「把自己的書念好就好，對於班長、衛生股長這種事情能閃就閃」這種比較自私，以個人利益爲重的價值觀？

如果我們從小都是這樣教育下一代，那我們怎麼可能要求剛出社會的新鮮人，以公司為重、團隊合作之類的價值觀呢？

真實世界有很多東西需要長時間累積，

累積過程中往往枯燥又無聊，

但那是必經過程。

22 給長輩的演講

我腳步急促地走進飯店明亮的大廳，黑色皮鞋在大理石地板發出喀喀的聲響，即使時間快來不及，但進大廳後我還是忍不住回頭望了飯店門口一眼，那裡停著一台全新的白色 McLaren 跑車。

我走進演講現場，一群幾乎穿著整齊西裝，年齡比我大上兩輪、甚至是三輪左右的聽眾已經坐在台下，我從西裝內側口袋裡掏出 iPhone，秀出投影片的第一頁——全黑的畫面。成功讓聽眾搞不清楚我要幹麼，我帶著有點勝利感的口吻說：「這是我今天演講唯一的一頁投影片。」

三個星期前，我跟一位客戶吃中餐時，客戶詢問我是否有興趣去演講，這次的演講主題跟以往不同，不再是關於職場競爭力或跟管理有關的議題。

而是對著一群父執輩的高階主管或是企業家，談一談現在年輕人所面臨的困境，以及他們該怎麼如何協助我們。

趁他們還摸不清頭緒時，我開口問：「我想請問一下各位先進，擁有兩間以上房地產的請舉手。」幾乎所有的人都舉手了。我接著問：「擁有影響公司人事決定權的人請舉手，不論是直接或是間接的影響都算。」也是一樣，幾乎所有人都舉手了。

過去這兩年，我常常出去對年輕一輩演講，不論演講的主題是什麼，我總是試圖傳達「台灣並沒有這麼糟，只要努力，我們終究能夠在社會上闖出一片天」，或是「今日貪圖小確幸，未來就是大不幸」這些很正面的思想。總之，我一直覺得，這些話由年紀較大的父執輩告訴年輕人，年輕人可能會覺得長輩又在說教，如果由像我一樣的年輕人的嘴巴說出，比較能夠帶給他們希望。而我也真心相信我演講的內容，我也很相信「天道酬勤」這四個字。

於是，我對著台下的長輩說：

前陣子，我父親打算把位於新北市某捷運站附近的老公寓交給我處理，那間老公寓室內大約三十坪左右，屋齡二十八年，我請了熟識的設計師來估價，如果要裝潢的好一點，整個價格大約要兩百二十萬台幣上下。

我想起了前幾天，我跟一個準客户談完理財規畫後，從星巴克走到捷運站時在我腦袋裡轉來轉去的想法。這位客户就是現在普遍年輕人的縮影，出社會三年多，好不容易還完學貸，每個月三萬多的薪水扣完房租、水電、吃喝、寄回家的錢後，終於可以有點空間來規畫一下自己的未來。而這個所謂的空間，就僅是一個月六千元。

晚班的捷運已經沒什麼人，我逕自思考著，即使我一出社會就選擇收入比較高的業務工作，在努力、運氣、客户支持、貴人提拔各種原因交織之下，有了不錯的成績，雖然不到大富大貴，也在四年左右，累積了一點錢。

但，然後呢？

我停頓了一下，好讓台下的聽眾有思考的空間，我在心裡默數七秒，然後接著講下去：

根據統計，我的收入已經排在全台灣前八%，而且我出社會才四年，照理來說，應該覺得充滿希望，而我本來也是一直這麼認爲。直到我意識到，這四年所累積下來的資產，也不過是裝潢費的一半左右時，我的心情就跟今天這唯一的一張投影片一樣黑。

我把手給舉起，指向投影片，試圖讓現在的大家都把眼光注目到全黑的投影片上。

接著，我用一種誠懇，但心裡早知道你們台下這群人一定沒辦法做到的口氣，說完接下來這段話：

如果各位先進，是眞的想幫忙年輕人，那你們要幫的絕對不是我這種人。因爲我有爸可以靠、我沒有背學貸、我的收入可以讓我跟銀行用很低的利率貸款。但是，我有很多朋友北上工作、因爲家裡環境不是太好而背學貸、每個月過著捉襟見肘的日子，就像我剛剛提到的那位客户一樣。

我知道你們都很疑惑現在的年輕人爲什麼追求那麼多的小確幸，不過容我說一句比較直接的話，這是環境造成的，當我們的收入根本很難完成買房、成家這種從小被你們灌輸的，很平常的事情時，眞的不要怪年輕人把一個月剩餘的六千元拿去分期買 iPhone 6，而不存起來替自己的未來打算。

如果你們也認同這是環境造成的，那我想請問一下，現在的環境是誰留下來給我們的？

如果你們眞的想幫年輕人，那坐在高級飯店開會的效果眞的很有限。我建議你們可以改在自助餐店裡的地下室開會，還要仔細控制菜量，不能夾超過七十元，否則今天就要從捷運站走路回家。我知道這聽起來有點誇張，但這才是現在年輕人最眞實的生活。

如果你們想讓年輕人有希望，如果你們眞的想改善這個環境。在我一開始演講時舉手的那些先進們，我建議你們留一間房產自住，剩下的房產可以用當初我爸買房子時的價格出售給年輕人；我也希望各位有影響力的先進能夠釋出職缺，但不是基本的職缺，是中高階主管的缺，接著大量錄取三十歲以下的年輕人，再由各位先進從旁指導。

記得馬雲說過這句話嗎？「如果是這群七十歲的人在談論關於創新的事，那台灣眞的沒希望了。」年輕人面臨的最大問題之一，就是大多數像你們一樣的一輩並不想承認問題是自己造成的。

你們不承認是自己短視近利，在台灣風光之時沒有長期經營品牌；你們不承認是自己因爲私利，利用政商關係去影響政策，讓台灣變成一個炒房的天堂，那麼這個問題永遠不會被解決。你們不眞的挽起袖子走入年輕人裡，在這邊喝著一瓶要價五十元的瓶裝水、開一百個會眞的不能改變什麼！

我觀察台下的觀眾，有些低頭沉思，有些人的表情則好像是在聽撒旦演講。在感謝大家的聆聽，並把麥克風地回給主持人前，我幫今天的演講做了結尾：

我相信今天的內容在部分人的心中可能會被解讀爲有點荒謬，如果你也這麼認爲，那代表各位還是停留在自己的思考角度，無法以年輕人的角度出發。我建議大家，等等走出會議廳，看到任何一位飯店的服務人員，誠摯問一問他的財務狀況，對房價的看法，對未來有沒有抱持希望？那你們就會知道，我今天的演講，眞實得可怕。

23 年輕人其實不反商仇富

我跳上車子，好不容易能夠喘口氣，我拿起手機，卻看到手機傳來一則新聞推播，它的標題是這樣寫的：「年輕人先努力，再談分配」。

我顫抖著手把新聞看完，心中出現好多好多的髒話，放在右邊只喝了一半的咖啡，以及在副駕座上只咬了幾口的麵包顯得特別諷刺，時間是中午12:50，我剛跟客戶開完會。

那是個工商協進會的活動，是經濟部長跟一些企業大佬可以穿著西裝一吐苦水的時候，他們說年輕人太愛問「社會給了我什麼？」又說在他年輕的時代，都是靠自己努力去爭取，所以年輕人想獲得什麼，就應該參與競爭，應該努力，而不是等著分配。會後訪問時，許多企業界的長輩對這個社會「反商仇富」的氛圍更是對著媒體不斷訴苦，他們認爲企業賺正當的錢，只要繳稅，就沒有問題。他們還說，雖然政府最近開始強調青年創新與創業，但是能夠替社會創造就業機會的還是他們。最後，他們說，希望社會將分配的氛圍轉化成努力刻苦的打拚氛圍。

我好生氣，我覺得我們都被誤會了，就像小時候班上有同學不見了一盒彩色筆，老師叫全班同學一個個把書包倒出來檢查的那種感覺。我們從不仇富，比爾·蓋茲、祖克柏、李開復、嚴長壽的語錄我們琅琅上口，賈伯斯跟德魯·休斯頓的演講我們在 YouTube 看過一遍又一遍，而近來最火熱的這句話當屬「今天很殘酷，明天很殘酷，後天會很美好，但絕大多數的人都死在明天晚上，看不見後天的太陽。」我們無時無刻不在幻想，在某個千人場合或是名校的畢業典禮，我們是在台上侃侃而談的那個人。我們也不反商，Google、Paypal、Airbnb、Linkedln 的故事我們如數家珍，他們在哪裡開始、估值多少、什麼時候被併購，我們一清二楚。有時候，我都在懷疑我們會不會比伊隆・馬斯克更懂他自己的公司？我們無時無刻不在幻想，我們的公司會是下一個 whatsapp，被某間公司看上然後用大到我們已經沒有概念的數字買走。

親愛的大人們，我從小就聽你們一直告訴我：「反求諸己。」用廣告的台詞來說就是：「刮別人的鬍子之前，先把自己的刮乾淨。」我們根本不是反商仇富，我們是討厭你們其中的某些人，或是某些行爲。你們其中的某董，在去年年底出售炒高後的商辦獲利近十九億，另一位董事長，還被列爲內線交易跟挪用公司資金的被告。相較之下，嚴長壽熱心公益，走入花東偏鄉辦教育；李開復成立創新工場，實際走入年輕人的圈子，傳承經驗外更實際投資，我們該喜歡你們嗎？Airbnb 讓我們在出國旅遊時能夠更貼近當地、Dropbox 大大增進了我們在傳輸資料的使用方便性，他們都在致力改變人類生活。你們把房價炒高到我們根本買不起，爲了自己的利益勾結政府破壞整個市容，我們該喜歡你們嗎？如果你們當中的某董可以正正當當的做生意，把那好幾個億的保釋金拿來協助年輕人創業，或許我們會喜歡你們一點。

你們創造的就業機會，薪水低得可憐，我們都用壓榨來形容。這種壓榨不只讓我們活得好累，更實際撕裂了我們的交友圈。為了更好的薪資跟舞台，我許多朋友都在國外工作，我們一季才能碰上一次面，見面的時候我才猛然發現他的中文已經變成北京腔，還學會了點馬來話。

當然，我身邊還是充滿了很願意提點年輕人的長輩。

我最近見了兩位在金融科技以及投資金融業的重量級人物，兩位都在密集的會議與飛行當中擠出時間聽我談我對未來的想像，還有那很難實現的夢想。一位對我說：「我已經要過時了，體力腦袋都不行了，未來要靠你們這些有衝勁的年輕人了。」另一位犧牲假日休息時間，在週日一大早跟我喝咖啡的長輩則說：「我人生接下來的十年，不為錢財或自己工作，我要替你們年輕人工作，把我的人脈貢獻給急需幫助的年輕人。」

在會面結束時，兩位都給了我私人手機號碼，並且真誠地告訴我：「有事情打個電話來，隨時找我。」

我們真的不反商仇富，也不是討厭所有的大人。

我們真正討厭的是既得利益者把整個社會資源吃乾抹淨後，擺出那副都是你們不夠努力的嘴臉。

24 關於親情

前幾個星期我答應好友的邀請，到某間私立大學與他的導師班學生聊聊天。那是個非常棒的早上，青春的氣息跟溫暖的陽光灑在整個校園裡，教室裡很難得的幾乎全班到齊，我一上台就問大家：「有多少人是爲了免費的披薩跟汽水進來教室的？這會是五年前還在念大學的我準時進教室的原因之一，因爲我那時候牌技不好，常常在麻將桌輸掉接下來兩餐的錢……」

同學們笑了，我希望這是個很好的開場，我也希望他們知道我跟他們是在同一陣線的。我對他們說：「接下來的這堂課不會是某個企業大老的教條式演講，我會跟你們說一些故事，比較胡鬧而且眞實的。」或許是氣氛非常輕鬆，有許多人都舉起手來針對職涯、人生、甚至對我如何減肥提出了疑問。

接下來，有位高個兒的女學生舉手，她向我自我介紹說她是來自中國的交換學生，主修中文，再過幾個月她就要回中國完成原本的學位，接著她想去英國念大眾傳播或是行銷的碩士，她想問我這個規畫是不是符合未來世界走勢的？她在這中間可能會遇到什麼困難？

我問她說：「妳是哪裡人？在中國的哪個城市念書？」

她答：「我來自成都，但在上海念大學。」

我把原本向後靠在講台的身體給挺直了起來，跟同學們說：「這個問題我可能要認眞一點回答。首先，我實在無法預測到未來世界會變成怎樣，事實上，這個世界因爲科技的進步而越來越複雜，所以我認爲，學習絕對是件好事，我希望妳除了拿到學位外也可以多觀察英國人，學習他們的思維，並且進一步反思中國文化。不管世界變得如何，觀察、有邏輯性的思考、自省都是非常重要的三件事。但關於妳的困難，我想多問妳幾個問題，妳家有幾個兄弟姊妹？她們在成都嗎？還有，妳想家嗎？」

她似乎有點訝異我的回問，但還是立即回應我：「我還有一個妹妹，妹妹在西安念書。我很想家，我每年大約回家兩次。」

我點了點頭，然後提起前陣子跟一個朋友吃飯，他是名律師。他出身單親家庭，從大學就從彰化上來台北念書，中間去美國交換了一年，回台灣完成學業後在台北工作一年，申請上美國的碩士，念完之後在美國工作快兩年，現在被外派去新加坡。

在那次吃飯時，他有感而發地跟我說：「你知道嗎？我清明節的時候回家一趟，什麼計畫都沒排，就只是陪我媽待在家，因爲我想看她自己是如何生活的。結果，她早上起床後就看電視直到吃中餐，午睡後又看電視直到吃晚餐，晚餐後散個步回家洗澡，之後再看電視直到去睡覺。從我念大學的時候，我媽每次送我到車站時，我都感覺得出來她希望我留在他身邊。但那時她還年輕，我也是，我總是忽略這感覺，最後爲了逃避這感覺，我寧願選擇自己坐車到車站。」

但最近他開始思考，是不是該回老家了。

畢竟媽媽養他那麼多年，而且身體也越來越差，再陪她或許沒幾年；但從另一個角度思考，如果是這樣，他爲何拚死申請美國的研究所？然後忍受很多的不平等，只爲了在美國擁有工作經驗？現在的他，三十歲，有學歷、能力、累積了不錯的經歷，正準備在人生的道路上起飛，但母親卻開始走下坡了……

後來整個晚餐我們都在試圖找出最好的方法，但我們失敗了，不瞞大家說，我在年初轉換工作時，也放棄了幾個在外國城市，令人興奮的工作機會。

當我講完這個故事後，我可以感覺到氣氛明顯沉重起來，而提問的女生睜大眼睛看著我，冀望著我繼續說下去，解答她的疑惑。

我看著台下的他們繼續說著，你們會遇到最大的問題就是這個死亡交叉，尤其是現在文明病越來越多但醫療卻越來越發達，我有許多朋友的父母大約在六十出頭歲開始生病，可能是癌症、心臟病這種慢性病。而我的朋友們大約都在三十出頭，很多都是離鄉工作，這是新世代會遇到的新問題。

而且眞實的狀況遠比你想的複雜，如果你那時候又準備結婚了呢？在整個亞洲的傳統是你等於又多了一對父母，你怎麼選擇？

你可以選擇留在原本的城市或國家，可是之前的準備看來都白費了，而且一定會不斷地問自己，這是你要的人生嗎？那些夢想跟自我實現怎麼辦？

你可以選擇繼續自己的計畫，但你眞的忍心刻意遺忘父母在離別時的那個神情？特別是父母的身體都出了狀況的時候？

在上一代的時候比較沒這麼國際化，兄弟姊妹也比較多，所以常見的狀況是大部分的兄弟姊妹會留在家鄉，少部分的外出發展，而那些眞的闖出名號的則會在金錢方面對整個家族比較慷慨。但現在的狀況是，孩子通常生不多，而我們卻都在尋求更好的機會。

很抱歉，我僅僅只能告訴你問題，但我不知道答案。

台灣有很多人回家鄉發展精緻農業發展得很成功，或是利用網路跟新科技的力量把家裡的傳統事業做了令人驚豔的革新，或許這是一條路，將所學結合家鄉特色，但真的管用嗎?沒人說得準。

我還在尋找答案，試著平衡這一切，我只能跟你說，做好心理準備，這一天真的很快會來臨。

真實的狀況比你想的複雜。

當你選擇繼續自己的計畫時，

你真的忍心刻意遺忘父母跟你告別的神情？

25 一直在說再見的我們

「今天讓我們暫時拋開那些關於理論的技術性問題，如果可以，我想分享有關於離別的故事。」

我從嘴裡緩緩地說出這段話後，台下學生紛紛睜大了雙眼，連剛剛聚精會神在滑手機的人也抬起頭來。

我受邀對一群即將在今年畢業的大四學生演講，主題是「年輕世代面臨的新難題」。

幾乎所有技術性的經濟或是社會問題，在我們之前的世代全部面臨過了。以大眾現在最關心的經濟成長爲例，至少我們現在的經濟成長率還是正值，嚴格來說比不上之前經濟大蕭條或是金融風暴的時候慘。而且我們已經從最慘的狀況走過來了，即使景氣真的再度衰退，我相信才華洋溢的各位會有能力解決它。你只需要修正一些模型跟數字，新的系統又可以重新運行個幾年，只要是關於技術性的問題都可以被解決。

我們這個新世代在較為優渥的環境下成長，比起上一代，我們有更多資源去追求精神及心靈的生活。我最近觀察到的現象是，我們這一代出現了一個上一代較少經歷的新難題：如何面對離別。

想像一下，在我們爸媽的那個時代，會面臨的離別頂多是從高雄北上工作。那個時候台灣的機會還很多，整個世界的距離也還沒有那麼地近，許多人是一進公司就會待到退休。我的父親就是典型例子，從高雄北上台北工作，在一間很穩定的大企業工作三十三年，然後去年退休。

但是我們這個世代截然不同，因為大人們跟我們說要放眼全球，台灣的機會已經沒有那麼好了，所以我們從學生時代開始出國當交換學生，實習的時候拚了命進到外商，之後又極力爭取到上海甚至是紐約的外派，外派回來之後開始尋求跳槽的機會。

這些我們做的努力都很棒，所有的經驗也都更加強了我們的競爭力，但伴隨而來的強烈副作用是，我們感覺一點都不穩定。我們一直不斷地移動，更糟的是，我們一直不斷地離別。

今年跨年結束後，我先送兩個朋友回家，再確定她們安全到家後，計程車才往我家的方向開過去。我帶著一點醉意獨自在計程車上思考，今年一起跨年的大家，明年還會一起聚首嗎？

我那兩個朋友的最高學歷都不是在台灣完成的，其中一位已經計畫要回西雅圖工作。剛剛一起跨年的朋友們有人從加州來、有人從上海來、有人是在日本念完MBA、有人野心勃勃地準備爭取海外的工作，有些人我今晚第一次跟他們見面，但我知道兩天後他們就要回原本的城市。

我深呼吸冷靜地想了想，去年一起跨年的人，今年只剩五個左右聚在一起跨年，那到了明年還剩幾個人呢？

我們很幸運，學校教了我們各種知識，父母也給我們健全的家庭教育，還有許多有成就的學長姊跳出來開類似的講座，幫你們補足了學校與職場間的落差。但是在座的各位，我們目前爲止沒有被教會的事情之一就是「如何面對離別」。

我們可以用心靈成長書籍的那些話，像是「離別是再聚首的開始」之類的話來安慰自己，但是相信我，眞正遇到的時候你絕對不會這樣想。我每次想的都是，或許我這輩子再也見不到這個人了。我知道現在的通訊軟體非常方便，我們還是可以保持連絡，但或許我們再也無法在同一張桌子上吃飯，然後在見面跟告別時給對方一個擁抱，去感受對方的體溫。

所以我從來不送機或是讓別人送機，因爲我實在是不想去面對那些因爲離別產生的複雜情緒。

前陣子我從臉書上看到朋友在抱怨一件工作上的事，我打開微信傳了訊息給她：「Is everything okay in China? I just saw your post.」（在中國一切順利嗎？我看到你的發文了。）

她從上海回了訊息來：「Not really, I am so exhausted. I am busy now, will you be available for a call around 8 pm?」（不是太順，我累慘了。現在很忙，我可以晚上八點左右打給你嗎？）

晚上八點的時候，她從上海打了電話回來。她說上海的一切還是像她半年前剛到時那麼璀璨，但最近，她總是在每個星期五晚上把自己給關在家裡，看著影集，然後獨自喝著啤酒直到睡著。有時候會拿著整瓶的紅酒一個人走上租屋處的頂樓，看著浦東那幾棟高聳的建築物。

她突然問：「你會不會想念我們所有人都在台北的時候？至少我們可以約下班後去吃飯，或是到錢櫃去唱歌；而不是像現在一樣是約可以講電話的時間。這感覺好像你是我在美國的上司，我在跟你約 con call 的時間。而最近我也在想，這一切真的有意義嗎？我在替遠在幾千公里外的人工作，而我跟我老闆唯一的聯繫是透過 skype 跟 email，我的朋友離我也都好遠，唯一能夠聯繫彼此的是 wechat。」

講到這裡，我停頓了一下，請台下學生看看坐在旁邊的同學：「你們現在每天混在一起，做報告、吃宵夜、一起打球。但過不久，你們統統會四散在各地。在你們這個年紀的時候一定覺得這聽起來酷斃了，大家各自去追求自己的理想，然後一年後在某個高級餐廳吃飯聚餐，穿著合身的手工西裝。但相信我，過了一陣子你們會問自己：這一切眞的有意義嗎？」

因爲他們知道一旦開始工作，眞的很難有追求夢想這回事。夢想中的工作本質上就是替遠在太平洋另一端的人賣命，而當初想要離開家鄉去參與一個城市的高度發展，伴隨而來的是疲憊以及不斷的離別。想像一下外派到了香港，朋友大多也都是外派到香港的人，或許下個月，坐在旁邊一起吃港式飲茶，或是今晚一起在蘭桂坊跳舞的人就會回去原本的國家。

回到這場演講的主題，我對所有的技術性難題一點都不擔心，但是我們這個世代面臨的是空前的寂寞，是種我可以馬上聽到你的聲音，但卻不能在一個小時後與你在街角的餐廳碰面的寂寞。

半年多前，我跟朋友在國父紀念館附近吃完飯走回捷運站的途中，朋友問我：「我等等就要回家收行李，明天中午要飛往上海。你覺得我該怎麼面對跟父母的離別？或是再過三分鐘後，我們在搭相反方向捷運的前一刻，我該怎麼面對與朋友離別？」

「習慣它，因為即使妳極力避免，離別還是會在妳未來的人生中不停的上演。」

我對我朋友說，也對台下的學生說。

我們這個世代面臨一種空前的寂寞，
是種我可以馬上聽到你聲音，
卻無法在幾個小時內
與你在街角碰面的寂寞。

PART 5

從台北看世界

比起上一個世代，我們因為薪資停滯不前、世界扁平化……等種種原因，而面臨到更頻繁的國際交流，也有更多機會在外地工作，或與外國公司合作。

當我們懊惱於GDP被韓國超越時，為何韓國菁英卻說出：「我好羨慕台灣的活力。」

當我們因為台灣在國際場合被打壓而憤恨不平時，為何出走的台灣菁英卻說出：「只要給我合理的待遇，當不當台灣人根本不是重點。」

你會不會好奇，那些應該是我們所欣羨的國際人才，經歷了些什麼？

26 「只要我能夠賺錢，在哪座城市都沒差」

上個週末是母親節，一些在海外工作的朋友們也紛紛回來台灣過節。今天與我見面的朋友也是飛回來的其中一位，他大學畢業後先是在台灣從事零售的業務，後來被派到廣州，最近則是負責整個越南地區的通路。

他是個講話非常幽默的人，我每次都很期待跟他見面，上次我們見面是過年前。這次他回來台灣除了要跟我討論他即將出生的兒子的保單外，也想跟我敘敘舊。

過了不久他走進咖啡廳裡，一如往常的豪爽，很快地把保單契約給簽了，之後我們開始關心彼此的近況。他覺得越南充滿挑戰，公司的通路推廣雖然不如預期，但他會持續努力，因爲越南有九千萬人口，而且經濟快速增長中，他很看好越南未來的市場。

過了一會後我問他：「你沒打算把小孩帶回來台灣？我個人是覺得中國的教育不會比台灣好。」

他老婆的工作在中國，目前正在台灣待產，我過年前聽他說打算讓小孩在中國就學，或許念個國際學校之類的，現在離預產期剩一個月，我想知道這中間他有沒有改變想法。

「喔，我後來覺得新加坡也不錯，離越南比較近，我可以每個週末都飛回家看小孩，重點是那邊的環境比中國還好上很多，而且我們公司在馬來西亞也有分公司，我可以申請調過去，這樣又離新加坡更近。你知道的，我的工作必須跟著市場走，台灣的市場對我們而言太小了，人口不夠多，而且不論是政府、政黨或是民眾總是互相不信任，最近還有越演越烈的趨勢，這不是一個發展商業的好環境。簡單來說，如果不帶感情而理性思考的話，只要我能夠賺錢奉養父母、照顧另一半、給下一代良好的教育，我當哪一國人都沒差，我沒有那些無聊的在地情結。」

我有點訝異他講的這些話，因爲他並不是ABC，他直到工作前都一直長住在台灣。

他喝了口水然後繼續說，有兩個事實或許台灣人一直忽略，第一個是，世界上所有的國家都一直在降低貿易的門檻，尋求經濟上的統一，歐盟或是許多的FTA都是如此，因爲市場走向開放是必然的，不管結果到底好不好，也不論那些條約公不公平，但一定會走向開放，這是擋不住的。

另一個更嚴酷的事實就是，台灣根本不算個國家，充其量算是個經濟跟主權獨立的「個體」，但仍然不算是個國家，而且台灣一直沒有一個中心的思想或是價值觀。舉個例子，你去問美國軍人爲何而戰，他們會回答爲了捍衛民主、自由，或是爲了美國國旗；你去問一下台灣的軍人，他們一定答不出來。你不能怪他講話如此無情，因爲他無法愛一個不被承認也沒有中心思想的「虛幻國」，他只能說自己喜歡這塊土地的文化跟人。

他說還有另外一個重點，也是我在不久的未來要面臨的，開始養家和養小孩。我現在的薪水很不錯，絕對足夠做自己喜歡的事，也夠實現理想，以馬斯洛需求金字塔來說算是已經自我實現，至少算是脫離生理跟安全需求的階段。但只要一結婚，有了小孩，就要重爬一次金字塔，因爲有了家庭跟小孩，開銷會變大，所以要脫離生理需求變得更困難；接著安全需求從只要擔心自己的未來，變成要一次擔心自己、老婆、小孩的未來；再加上逐漸老去開始頻繁進出醫院的爸媽，所以要脫離安全需求向上爬也更難。

「今天在中國一年的薪水有兩百萬台幣，台灣的薪水一百萬台幣，我如果單身也可以像你一樣帥氣的說我不屑賺中國人的錢，因爲一百萬台幣已經夠讓自己過得很好了；但如果你有家庭又有小孩呢？我相信你會爲了最親愛的人而選擇在中國工作，或是像我一樣在開發中的東南亞工作。」

仔細想想，生理跟安全需求都不被滿足，我們眞的會在乎自我實現？以現實狀況來說，老婆、小孩、爸媽，跟所謂的台灣或是中華民國比起來，孰輕孰重？

他說自己沒那麼偉大，寧可選擇前者。所以才說，只要可以賺錢養家，保護家庭，當哪一國人都沒差。而且他相信，當年輕一代走到了那個關卡，大部分的人會有一樣的選擇。

我從台北市開車回家的路途中，一直不斷思考他最後下的總結：「這說起來有點悲哀，但事實就是如此，當外面的機會比較好，而你需要那個好機會來照顧自己家庭的時候，你愛不愛台灣跟台灣的文化變得如何，眞的都不那麼重要了。」

27 到中國去迎接全世界

「你投資基金或是股票的時候都不會把資產給押注在同一檔金融商品吧？或者是說，我們以前塡大學志願時一定也會塡很多個科系，因爲我們都知道，把雞蛋放在同一個籃子裡是非常不明智的做法。在選擇目標市場的時候也是，要盡可能越多元越好。最健康的狀況是，歐洲市場占三分之一、美洲市場占三分之一、剩下的市場加起來占三分之一，這只是個概念，實際的狀況會因爲商品而有差異。」

星期天的早上十點不到，坐在我對面的這位資深會計師正侃侃而談。他是我一位好友在大學期間實習時的主管，他在整個亞洲區有將近約三十年的財務經驗，我透過我的好友連絡上他，想跟他請教一些公司要邁入國際市場所需注意的財務問題。

他的頭髮已經微白，身形也有點發福，但臉上掛的爽朗笑容，握手時的力道，以及講話時飽滿的中氣，都看不出來他兩個星期內飛了超過五個城市，而星期一他又要飛往中國。

更令人驚訝的是，除了我事前寄給他的一些資料外，他請助理幾乎是用了所有的方法把我們公司的相關資訊都給找了出來，而且他事前就已經看完了。所以我們的會談非常的迅速，大約二十分鐘後他已經解決我所有的問題，我們開始閒聊一些最近發生的時事。

他問我最近有沒有觀察到一個現象，就是在社群媒體上分享來自中國簡體文章的次數好像越來越頻繁了，尤其是以商業導向的 LinkedIn 更爲明顯。

在他那個年代，第一手的高科技資訊幾乎全是英文，因爲那時候是美國跟歐洲獨領風騷的時代；但在我的年代，中國有逐漸趕上的趨勢，尤其是互聯網的時代，中國已經超越歐洲，而可以跟美國互別苗頭了。

是啊！以前我可能會閱讀來自 TechCrunch 的文章，但現在中國的 36kr 也是我主要的資訊來源，甚至連 TechCrunch 也有了簡體中文版本。即使不說網路業，最近全球的金融市場也因爲中國的經濟成長率而前景堪憂，中國現在對於全世界的確有一定的影響力。

但我比較好奇的是，這次的大選結果是由傳統上比較傾向台灣獨立的民進黨獲勝，尤其是選前一晚，周子瑜的事件更完全激起了年輕人的反中情緒。這有很大部分的原因是因爲我們之前相信了國民黨親中會帶來經濟成長的政策，但在八年後我們全都有種被騙的感覺。

民進黨當選後是否會影響他的事業？他的對應策略又是什麼？以及怎麼看中國崛起對於台灣的影響呢？他的臉上再度堆滿笑容，似乎是在說我問了個好問題。

他說，不管是哪個政黨當選都不會影響他的事業。坦白說，他公司眞正來自中國的收入占比不到四分之一，雖然花了很多的時間在中國，但在中國不代表在賺中國市場的錢。他的策略是，在中國的土地上賺全世界的錢。

以前的台灣企業家最令人佩服的，就是一卡皮箱裝著產品原型飛到全世界談訂單的精神，但現在世界不一樣了，全世界的知名公司幾乎都在中國設有公司。所以他再也不用飛歐洲跟美洲，可以在中國跟這些外商接觸，利用視訊開會，必要時才會眞的去歐洲和美洲。

這對台灣來說是個超棒的機會，一方面能更省去時間跟很多成本，另一方面又不用太過倚賴中國市場，畢竟中國市場參雜了許多人爲的因素，風險比起一般市場更高。

所有的企業主一定都要有一個概念，公司的收入越多元越好，因爲這代表系統性或政治性的風險對公司的影響越少。以前要做到這件事，可能得在各國都設辦公室，成本非常高；但現在只要把北京、上海、廣州、深圳……跑一跑就幾乎可以做到這件事了。

中國是個擁有全世界資金的地方，另一方面，中國想要消耗國內過剩的產能而規畫了所謂的「一帶一路」，台灣應該想辦法利用這個物流網把商品往歐洲、中東、甚至北非賣。

既然中國極力走向全世界，那麼台灣該思考的絕對不只是中國市場，而是怎麼樣借力一起走向國際。我甚至認為，以後台灣跟世界的距離，會縮短到只要「跨過台灣海峽，就迎向全世界」。

勇敢地跨過台灣海峽，在我們不是那麼喜歡的土地上，歡喜地迎向全世界。

這種參雜著好與不好的情緒，似乎是我們不得不面對的未來。

28

韓國人看台灣

幾天前我接到一通令我很驚喜的電話，我的韓國朋友說她預計十二月十五日會到台灣出差，停留一個星期左右，並且要在台灣度過週末，聖誕節前夕才會回韓國，問我可不可以利用那個週末帶她在台北逛逛？在我還沒來得及答應時，她立刻跟我講了一堆她想要去的地方。雖然這是她第二次到台灣來，但我還是可以從她的聲音聽得出她的興奮。

我們是一年半前她利用暑假來台灣玩的時候認識的，那時候她還在念首爾大學。她曾經在上海復旦大學當交換學生一年，所以我們可以用中文溝通。她長的就跟在電視上看到的韓國女星一樣漂亮；比較顛覆我對韓國人刻板印象的是，她會講很流利的英文。

今年一月我去韓國玩的時候，她帶我在首爾玩了整整四天，她跟任何一個台灣人一樣熱情，她的朋友們也是。她送我登機離開韓國的時候，還跟我約定她一定會來台灣找我。在飛往日本的飛機上，我甚至開始思考，剛剛離開的那個國家，眞的是很常被形容爲排外的韓國嗎？

在確認完她航班降落的時間跟其它的細節後，我們開始交換彼此的近況。她說畢業後順利地進了三星集團上班，我聽到之後馬上恭喜她，因爲我知道在韓國進入三星或是LG這種大財團工作，就像早期在台灣考上醫學院一樣，代表往後的人生順遂無虞。

沒想到她只是一聲苦笑，接著開始抱怨大財團的繁文縟節，以及很多不合理的倫理規定。由於前幾天我才看到韓國的人均所得可望在今年突破二．四萬美元，我很好奇地問她現在的薪水是多少？她說大約三百萬韓圜左右，我很迅速地在腦中算了一下，那可是將近八萬四千元台幣的月薪。

我笑著跟她說她的薪水是台灣大學生平均起薪的三倍左右，但是她卻跟我說：「我羨慕你們中小企業的活力與開放的環境，而且你知道，我這一路是怎麼樣痛苦過來的。」

聽完她的話後我突然回想起今年一月的韓國。

一月的韓國非常冷，由於已經開始下雪，而我已經在明洞逛到腳痠了，所以她帶我到一間非常道地的韓式烤肉吃飯順便稍作休息。在瀰漫著烤肉香的店裡，我們開始交換彼此念書的歷程。我跟她說我從國中參加籃球隊、高中參加康輔社並當上社長、大學創業以至於我沒有把大學學位拿到手。

她非常驚訝地看著我。

她把還沒熟的五花肉翻面，並且把已經烤熟的肉夾到我盤子裡，說自己從小就被灌輸要進三星或是LG等大財團上班的觀念。因爲光是三星、LG、現代、以及SK這四大財團加起來就占了韓國一半的GDP，並且這些財團的子公司很多，不是只有你所知道的手機或是電子產品。例如昨天陪我搭機場巴士經過的仁川大橋，那是三星的建設公司造的；我剛剛在TNGT買的那件讚不絕口的外套，它是ＬＧ旗下的時尚品牌。

我同時對韓國女生的貼心，以及她跟我講的那些關於韓國財團的事感到驚訝。我問她：「所以你們沒有太多社團，或是學生團體之類的嗎？我的意思是，難道你們這輩子都沒有嘗試過一些其它的事，就被決定了人生的目標嗎？」

她說大部分是的。從國小就開始補習，補到高中的時候，爲了要拿好學歷，以利未來進入大財團工作，她參加了所謂「首爾大學保證班」的補習班，結果這個保證班需要先參加一個入學考；然後又有其他的補習班專門在補「首爾大學保證班」的入學考。所以她不只爲了進入首爾大學而補習，還要爲了進入可以保證上首爾大學的補習班而補習；即使她進入首爾大學，但現在還是在補習。現在補的是所有大財團的筆試以及面試。

這次換我用驚訝的眼神看著她。由於她看起來有些哀怨，我試著安慰她，開玩笑地說原來韓國不只電子業整合得好，連補習班都要整合成上中下游。

她笑了一下並且繼續說，韓國是全世界自殺率最高的國家之一，對於有人跳地鐵自殺都很習以為常。後來因為太常有人跳地鐵自殺，所以政府把軌道跟人群用柵門隔開。但是擁有不妥協及固執民族性的韓國人還是找到了新方法，跳漢江。聽說漢江每天平均會有三到五個人跳河，所以這對他們來說也不是件新鮮事了。

「如果有人跳進了台北的淡水河裡，那肯定會上台灣新聞的。」我在結帳的時候告訴她。

「台北還符合妳的期待嗎？」我在吵雜的鼎泰豐裡大聲的問她。

「符合！我覺得台北是個很棒的城市，這次來我覺得我又更了解台北一點。雖然我訝異於台北的低薪、高房價、還有整個台灣的政治混亂等問題，但哪個國家沒有自己的問題呢？你覺得如果我們兩個交換城市生活，你會開心嗎？」換她問我。

我說應該不會吧！因爲我覺得人們總是這樣，對自己人嚴苛，而對其它人寬容。首爾的薪資確實比較高，而房價也相對台北低。但相對的，我可能會在當學生的時候就瘋掉，不然就是在進大公司時瘋掉。

雖然台灣的教育還是比較偏向給學生標準答案，但至少最近已經改善很多，很多年輕人開始懷抱著理想投入教育界，教學生們如何尋找自己熱情之所在，因爲他們都是被硬塞答案的一代。

不論是在教育上或是公司上，台灣還是相對開放一些。即使我現在在大公司工作，但我可以私底下告訴老闆我眞正的想法，像她講的，在三星這種事是大逆不道的。

雖然改變得很慢，腳步也是走走停停，但我相信台灣的路會越來越清晰。

她點頭同意我的想法，她說自己可能也無法接受領完薪水扣掉必要支出後只剩下一萬台幣的生活品質，或是要不吃不喝超過三十年才能買得起房子。

雖然韓國的一切還是很官僚，但她認爲新總統上任之後感覺有好一些。在韓國這麼傳統男尊女卑的社會居然可以選出女性總統，就代表他們意識到了些什麼。

而我也樂觀地相信，在不遠的將來，現在的問題終究會被改善。重點不是我們的環境，而是我們每天有沒有持續進步。

雖然改變得很慢，

腳步也是走走停停，

但我相信我們未來的路會越來越清晰。

29 開放的心

前幾天我汗流浹背地走出健身房時，接到一通來自日本的電話，電話那頭是很久沒聽見的聲音，他確認我是否可以去東京參加他的婚禮，掛掉電話後，我不禁想起了三年前那個有趣的晚上……

我拉著行李箱從池袋車站走出來，沿著 Google Map 的路線終於找到下榻的飯店，這是我第一次到日本，興奮地準備探索東京這個城市。我的日本朋友明天早上才會跟我見面，所以今晚我就先在池袋周邊晃晃，在車站附近的小巷吃了鹹到要洗腎的拉麵之後，我走上街道尋找有趣的酒吧。對，我打算去酒吧認識一些日本上班族，期待他們會像電視劇一樣喝醉了把領帶給套在頭上。

在晃了兩圈後我才知道，池袋是東京有名的風化區之一，車站周邊的酒吧幾乎都是有日本女生陪客人聊天的那種 Talking Bar。我彎進一條小巷，一道門引起了我的注意，它是道很舊的木門，夾在兩間設計新穎的 Talking Bar 中間，舊到我站在街上彷彿可以聞到從門上傳過來的霉味。門上的紫色霓虹燈寫著 1980s Rocks，打開門走了進去後幾張舊沙發跟木頭吧台就映入眼簾。

我坐上吧台後店員送上菜單到我面前，昏暗的燈光讓我幾乎看不清楚上面的字，我拿起手機一照，糟糕，上面滿滿都是我看不懂的日文。我招手請店員過來，並且嘗試著用英文跟他溝通，這時與我相隔兩個座位的一位日本上班族加入了我們的對話，他替我翻譯並且推薦我這間店的海鮮披薩。

我們邊吃披薩邊聊天，他在一間軟體公司當國際業務，年紀稍長我一些。我們開始辯論松坂大輔跟王建民誰比較厲害，他也問我林志玲是不是有整形？比較令我意外的是，他居然看過《痞子英雄》，對陳意涵非常的著迷。

過了不久，我注意到在角落的一位日本女生，她的桌上放著快空的酒杯，低頭正在玩手機。我對那位日本男生說，你們會在酒吧裡搭訕女生嗎？他說通常不會，可能是因爲這是池袋，通常只有酒店經紀才會在街上或是酒吧搭訕女生，所以女生的防心都比較重。我激他說，如果你有辦法把那位女生帶過來跟我們聊天，我就請你喝下一杯啤酒。

他聳聳肩，露出一個「我試看看的表情」，然後走過去跟那個女生開始交談，過了一會，他招招手叫我過去，我很識相的請店員再送三杯生啤酒過來。那位男生就居中翻譯，我們三個就這樣聊了整晚，在準備要走時，我問那位女生：「聽說在池袋女生防衛心比較重，爲什麼妳會接受男生的搭訕？」她說：「我今天工作不是很順利，本來想要下班後自己在這裡聽音樂度過一個晚上，他走過來時我心裡已經開始想該怎麼拒絕他；但我轉念一想，我花五分鐘跟他說上一些話對我有損失嗎？萬一話不投機，我可以隨時結帳離開；

如果聊得愉快，我就交到一位好朋友。」

三年後的現在，他們即將在八月舉行婚禮。

由於我出社會後一直待在業務部門，有很多的開發經驗，在開發的過程中會有某部分的人拒絕我，而有某部分的人則是願意花時間跟我聊聊。有一次我忍不住問一位不是很熟識的準客戶：「你已經見過很多業務員了，為何還願意花時間見我？」

他說：「我一直覺得花半小時與任何人聊聊並不會有損失，因為這半小時我或許可以透過你賣的產品來改善我現在無法解決的問題；如果沒有，我至少多知道了一件事。而且即使都是同產業的業務員，但你們的生活經驗一定也不同。既然我幾乎沒有損失，那我何必拒絕？」

回想我們的人生，是不是很多有趣的事都有一個微不足道的開始？不小心迷路發現了好吃的餐廳、沒選上自己想加入的社團卻在社內交到一輩子的好友，或是跟我那位朋友一樣，跟本來不是很想講話的人說上幾句話，結果找到自己的另一半？

如果我們想要自己的生命有無限的可能，那我們首先要有顆開放的心，不是嗎？

人生很多驚喜的回憶，

通常都來自一個轉念一想，

一個微不足道的開始。

30 在外國學校老師眼中，創業跟數學一樣重要

我們有了這筆資金後，第一個問題是「我們該去進什麼樣的產品」，第二個問題是「我們該如何銷售我們的產品」，把這兩個問題定義出來後，我們決定……

幾週前，我受到朋友的邀請去新竹演講，我在出發前的那個早上再次檢查了他寫給我的 e-mail，這是場很特別的演講，對象是新竹一間學校九年級到十二年級的學生，而主題則是跟創業有關。一般來說，這種主題通常是對大學生講，或是出社會沒有很久的新鮮人。

他們將學生們分成三到五人一組的小團隊，在學期初的時候給了學生幾

千塊的資金，希望學生們利用自己的創意以及初始資金去創造利潤，而今天則是他們的期末報告。他們有一組從國外小量進口了咖啡銷售給學校的老師，而且特意選在午飯後的時間去銷售。有另一組則是自己設計了運動護腕，瞄準那些有在打籃球的同學們做銷售。同時，台下的顧問們會問學生，從這個過程當中學到最大的課題是什麼？覺得自己有哪些地方做得很好？覺得下次需要改進的點有哪些？

在他們報告完後，我上台簡單分享我的經驗，並且讓學生們提問。學生所提問的問題品質高的出乎意料，例如「那你們一開始是怎麼思考產品定位的？」「爲什麼你們選擇的是東南亞市場而不是相對較成熟的歐美市場？」由於我跟學生說任何的問題都可以問，所以學生們也問了一些我私人的問題，例如「在忙碌的主管或是新創公司生活中，如何兼顧與另一半還有家人之間的感情？」「對於在大公司已經有一定資歷的你，在決定離職的那個時刻，什麼東西是你最放不下的？」

如果這場演講我是透過 skype 演講，而又把鏡頭遮住的話，我根本不會覺得跟我對話的對象連高中都還沒畢業。跟同年紀的台灣學生相比，他們對於人生顯得成熟許多，對於這個眞實世界的運作也有初步的概念。會後，甚至有學生說他已經準備創業，有個初步的想法，技術對他來說也不是問題，他把想法跟我分享，並且問我在市場上可不可行？

課程的最後，他們的老師，一位講得一口流利英文的台灣人上台提醒台下所有學生：「大家記得把今天從講師、顧問身上所蒐集到的回饋應用在你們的事業上，雖然這只是堂非正式的課。但對我來說，對你們來說，這堂課跟你們的數學課一樣重要。」

我環顧四周的環境，沒有固定的教室，學生跑堂上課，不穿制服，老師眞正用成人的方式對待他們，以及我印象最深刻的，在牆上的標語：「The object of education is to prepare the young to educate themselves throughout their lives.」

這句話的意思是，教育的目的，是讓年輕一代能夠終身教育自己。

在我開車回台北的路上我一直在思考，教育眞正的本質是什麼？我們教給了那些「國家未來的棟樑」的東西眞的有用嗎？可惜的是，我今天下午的演講並不是爲「台灣未來的棟樑」而講，我演講的地點是一間美國學校，雖然學生幾乎都是亞洲人的面孔，但英文對他們而言就是母語，入學門檻是學生本人必須持有外國的國籍。會後我也私下問學生，幾乎沒有人考慮留在台灣發展。

如果教育的目的之一是「讓學生對自己所處的世界有基本的認識，並且賦予他們能在這個世界生存的能力」的話，那我們在爭論要不要改回聯考是有意義的事嗎？

我對於教育著墨甚少，但我想起了正在高中擔任導師的朋友上次聚餐時語重心長所說的：「說眞的，連我都懷疑我現在站在講台上講的那些東西對台下的孩子有多少的幫助？當近幾年科技飛快的進步時，我們的教材有多久沒更新了？當這個世界需要的是可以動手做、善於思考並解決問題的下一代時，我仍然在把以前我的老師教給我的公式再一次塞進下一代的腦子裡，這樣做眞的是對的嗎？」

我不禁在想，如果我們把這種培養學生動手做、思考並解決問題的課程加入台灣一般高中的課程中，並且賦予這堂課跟數學或是物理一樣重要的地位時，會發生什麼事？

後記

電梯門打開，我看到我朋友坐在櫃檯旁的椅子上，他將白色襯衫的袖子捲起來，也稍微鬆開了領帶。

我們並沒有約好碰面，只是巧遇。我來找這一棟大樓同樓層的合作廠商，商討合作的細節。

他先向我打招呼，並且站起來往我這邊走，我開玩笑的問他：「該不會是要來搶我客戶的吧？」

接著，我們講了一些只有朋友間才會說的語助詞，爸爸媽媽聽了會皺眉頭，覺得是髒話的那些語助詞。

他是一位在業界有點名氣的會計師，我們認識有好一陣子了，他非常的眞誠、熱情，我跟他諮詢過一些關於會計的細節，他總是很有耐心地回答我。

原來，有間非常有名的美資企業準備來台灣設分公司，而分公司的籌備處剛好也在這一層樓。

「你等多久了？」我問他。

他兩手一攤，有點無奈地說：「快一小時了，他們的會議不知道什麼時候會結束。」

突然，走廊傳來腳步聲，好像是會議結束了。就在我往走廊探頭時，朋友瞬間把西裝外套給穿上去，讓領帶回復到正確的位子，走過去遞上名片開始自我介紹。

我在旁邊看傻了眼，他們聊了大概不到三十秒的時間就結束會談。

我朋友走回我身邊，我問他們聊了什麼？他眉飛色舞地說：「我跟他們介紹我是誰、我處理過哪些知名美商在台灣分公司的設立，以及後續的會計相關事宜，詢問他們可不可以約個時間談一下合作的可能。」

好幾年前，我受邀到一場演講分享創業經驗，講者除了我之外，還有幾位業界非常資深的前輩，有位聽眾舉手問我隔壁的外商銀行總經理：「可不可以跟我們分享一下一位銀行家的一天？」

這位前輩聽了問題，先是爽朗地笑了笑，接著認眞說：

跟你們一樣，早上起床後，把土司丟進烤麵包機裡，邊刷牙邊看晨間新聞。由於開車實在太塞，我選擇搭捷運上班，在捷運上我總是左顧右盼地看著乘客，好奇他們是誰？從哪裡來？從事哪個行業？

進了辦公室就是開會，內容也很無聊，雖然我是台灣區的總經理，但上頭還是有直屬主管。我在辦公室有點慘，下屬不太願意跟我講話。開越洋會議時，我的直屬主管總是問我這一季的預估績效。

回家後我就看看書，順便注意一下今天是不是我該倒垃圾的日子，以免惹火我老婆。睡前我會再開一次我的電子郵件信箱，確認我處理完今天該處理的事，也預先想想明天一進辦公室該處理哪些事。

是不是跟大家差不多？

是的，這就是人生，跟你是誰、在哪裡、賺多少錢、做哪一行完全沒有關係。

許多書籍或是演講都太不眞實了，如果你聽到夢幻且毫無缺點的故事，我現在就可以肯定地說那絕對不是眞的。

每個人不論是在職場上或人生旅途中，我們都是嘗試著做好所有的事，扮演好所有的角色。

對於你們來說，聽完這場演講可能會獲得很多啓發，但請記住，眞正的人生是走出講堂外的那些時刻。對於我來說，講完這場演講，我可能會滿足了一部分的自我實現，但我總是提醒自己不要自我膨脹，我總是提醒自己我只是一般人。

對我來說，眞正的人生是走下舞台的那些時刻。

是的，不論你是誰、你賺多少錢、從哪裡來、個性如何，那都不重要。

到最後，我們大多數人的生活都差不多，煩惱也都差不多，我們煩惱業績不好、跟男女朋友溝通有問題、該不該準備結婚生小孩、該不該出國工作……等。

拿掉那些光鮮亮麗及虛假的部分，你會發現人生的本質其實負面的時候多很多。

「人生就是一個不斷搞砸自己本來該做好的事，並且盡全力去挽救被你搞砸的事的過程。」

毫無疑問，你我在往後都會繼續搞砸更多事，但記得最最重要的一句話：「挽救時，千萬記得比搞砸時，再更用力些。」

Eurasian Publishing Group
圓神出版事業機構
用心與你對話．視野無限寬廣
先覺出版社
Prophet Press

www.booklife.com.tw　reader@mail.eurasian.com.tw

人文思潮 122

我愛這個現實的城市：最令人信服的28歲創業家帶你闖出自己的路

作　　者／GREEN
發 行 人／簡志忠
出 版 者／先覺出版股份有限公司
地　　址／台北市南京東路四段50號6樓之1
電　　話／（02）2579-6600．2579-8800．2570-3939
傳　　真／（02）2579-0338．2577-3220．2570-3636
總 編 輯／陳秋月
主　　編／莊淑涵
專案企劃／沈蕙婷
責任編輯／莊淑涵
校　　對／許訓彰．莊淑涵
美術編輯／林雅錚
行銷企畫／吳幸芳．詹怡慧
印務統籌／劉鳳剛．高榮祥
監　　印／高榮祥
排　　版／陳采淇
經 銷 商／叩應股份有限公司
郵撥帳號／18707239
法律顧問／圓神出版事業機構法律顧問　蕭雄淋律師
印　　刷／祥峯印刷廠
2016年9月　初版

定價 250 元　ISBN 978-986-134-283-2

這本書有很多短篇的故事，關於不同世代的人，聚在同一個城市裡，用著不同的角度，探討不同的事情。唯一相同的就是，他們都使盡全力地想讓未來的自己能夠撥雲見日，而且會被當下的自己給喜歡上、崇拜上。

——Green，《我愛這個現實的城市》

國家圖書館出版品預行編目資料

我愛這個現實的城市：最令人信服的28歲創業家帶你闖出自己的路／Green著. -- 初版. -- 臺北市：先覺，2016.09
240 面；14.8×20.8公分. --（人文思潮；122）
ISBN 978-986-134-283-2（平裝）
1.職場成功法 2.生活指導

494.35　　105013241